娃娃
造型设计
零基础
入门

乖小兔
-编著-

U0156574

清華大學出版社
北 京

内 容 简 介

娃娃造型设计就是我们平常说的“改娃”，即把购买的成品娃娃重新化妆，更换发型、发色和服装，改成自己喜欢的样子，最重要的是在这个过程中我们能够切实体会到手工制作的乐趣。随着改娃爱好者越来越多，制作娃娃的商家们开始出售没有妆面、头发的娃娃头和没有服装的娃娃身体，这样更加方便爱好者们自由发挥。

本书共分 8 章内容，先是介绍娃娃的分类，在让大家了解这一手工的基础知识以后，从比较容易上手的妆面开始，介绍基本工具和制作流程，然后是发型和服装，让读者了解和学习娃娃是如何被一步步地改造出来，最后列举了三个案例，教大家举一反三地设计和制作完整的娃娃。

本书不仅适用于对娃娃造型设计感兴趣的手工爱好者，还适用于从未接触过“改娃”领域的读者朋友们。

本书封面贴有清华大学出版社防伪标签，无标签者不得销售。

版权所有，侵权必究。举报：010-62782989，beiqinquan@tup.tsinghua.edu.cn。

图书在版编目 (CIP) 数据

娃娃造型设计零基础入门 / 乖小兔编著 . —北京：清华大学出版社，2023.4

ISBN 978-7-302-63141-5

Ⅰ . ①娃…　Ⅱ . ①乖…　Ⅲ . ①玩偶－造型设计　Ⅳ . ① TS958.6

中国国家版本馆 CIP 数据核字 (2023) 第 047753 号

责任编辑：韩宜波
封面设计：徐　超
版式设计：方加青
责任校对：翟维维
责任印制：沈　露

出版发行：清华大学出版社
网　　址：http://www.tup.com.cn，http://www.wqbook.com
地　　址：北京清华大学学研大厦 A 座　　**邮　　编：**100084
社 总 机：010-83470000　　**邮　　购：**010-62786544
投稿与读者服务：010-62776969，c-service@tup.tsinghua.edu.cn
质 量 反 馈：010-62772015，zhiliang@tup.tsinghua.edu.cn
印 装 者：小森印刷（北京）有限公司
经　　销：全国新华书店
开　　本：210mm×260mm　　**印　　张：**11　　**字　　数：**268 千字
版　　次：2023 年 5 月第 1 版　　**印　　次：**2023 年 5 月第 1 次印刷
定　　价：79.80 元

产品编号：094228-01

温馨提示

本书是按照从易到难的操作顺序来讲解，初次接触改娃的读者朋友请务必按照本书案例的顺序来学习，先了解基础再进阶复杂有难度的实操。最好的方法是，在学习一个案例之前，先完整地看完一遍，再准备好材料和工具，跟着书本一起动手制作。

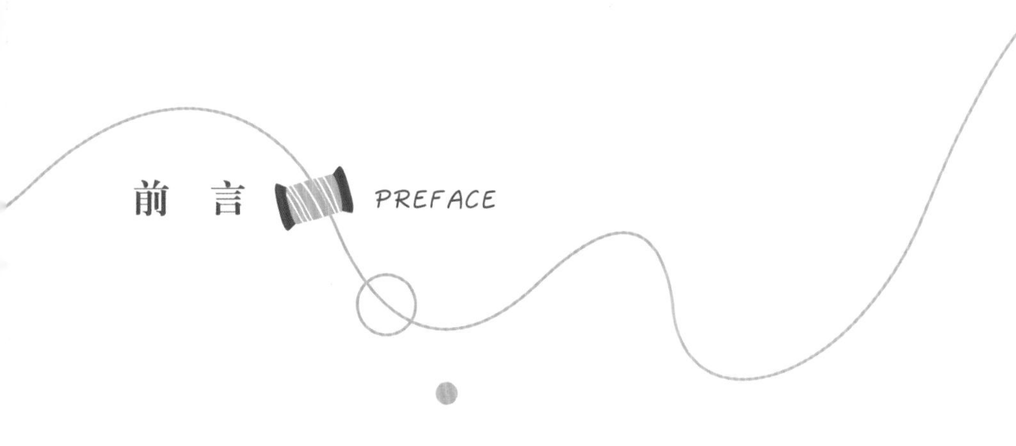

前　言

2018年的一天，好友给我看了几个国外博主的娃娃改造视频，回家后我马上到淘宝买了三个可儿娃娃、一瓶消光喷雾，翻出已经过期很久的眼影盘和以前画画剩下的彩铅，开始了改娃。几天之后完成了三个笔触粗糙、五官歪扭的娃头，它们看起来特别滑稽，但是我却心满意足，就好像回到了童年给芭比娃娃梳头做衣服的那段时光。我从小热爱手工和绘画，大学时的艺术专业也给了我很多机会来坚持这两个爱好。于是改娃好像有一种魔力，让我沉浸其中再也不能自拔了。

接触改娃到现在已经5年，一开始用过期化妆品和几个娃头，玩得比较熟练之后，我开始买假发回来给娃娃制作假发，然后慢慢添置了制作假发的工具。接着就是制作衣服了，刚开始是购买一些废弃布头，也不管布料美丑就用来练手，后来就按需要来采购精致的布料认真制作服装。我从购买大堆的工具材料回来一一尝试，到现在学会提前绘制和设计草图，分析自己制作的角色，终于找到了适合自己的方法和工具。

改娃这几年，我对这项手工的热情只增不减，不断学习和改善，积累了很多经验，对制作方法越来越熟悉，了解的东西也越来越多。后来我在哔哩哔哩发布视频，认识了很多志同道合的手工爱好者，也让很多人了解和加入这个领域，其中有很多新手朋友。有一天几个朋友提出建一个群，于是我们有了一个改娃爱好者群，大家在群里面讨论关于改娃的各种事情。里面有新人，也有经验丰富的老手。大家互相帮助，互相学习，也时常聊聊家长里短，在工作学习之余放松心情。

每个人都是从新手过来的，一个新事物在刚开始接触时，它就像被大雾笼罩，难以捉摸，充满喜悦和各种疑惑。在充分的了解之后，你会豁然开朗。但如果想要将它做好，还需要一段时间的沉淀，这也是手工作品为什么更珍贵，它需要耗费更多时间和精力，还需要多年的经验才能做得更好。

现在大家都在提倡培养爱好来丰富业余生活，对童心未泯的我来说，改娃的确是一个很棒的爱好，但我不否认它也是一个耗时、耗力还耗财的爱好，这里真心建议大家理性培养爱好。当今社会网络发达，购物方便，有很多人盲目入坑，之后失去兴趣坚持不了，便果断放弃。其间耗费大量金钱、时间和精力，不仅没有从其中得到愉悦和放松，还有可能充满怨言地退出来。

考虑到这些，我在写这份书稿时，思考了很久，工具材料删删减减了很多次，内容也调整过很多次，其间和其他爱好者们讨论过多次并进行了修改，所以这本书我从比较容易上手的妆面开始写起，而我自己曾经也是从这里做起的，工具材料也做了精简，只推荐大家买必需品。也建议大家在添置工具和材料时按章购买，比如学习妆面就只买妆面工具，在学完妆面以后再购买接下来的章节所需用品。

由于本书主要针对刚刚接触改娃的新手朋友，在服装部分考虑到如果全部使用专业的制作知识会让新手学习起来比较困难，所以服装制作时结合了专业和非专业的知识，方法简单，容易理解和获得成就感，以后在拥有了信心和增加了兴趣的情况下，慢慢熟练，明白了制作原理，有了手工基础，就可以进阶去学习专业的制作，这个时候专业知识理解起来也就会很容易。同时，本书还提供了 6 个案例的视频教学，通过扫描下面的二维码，推送到自己的邮箱下载获取。

最后，希望将我这几年学到的知识和经验教给大家，帮助大家少走弯路，从而能够更好地体验手工的乐趣。而我本人这几年的手工历程，因为工作生活各方面的原因走走停停，却也一直没有放弃，坚持了下来。在此感谢和我同样热衷改娃的粉丝们，一直关注和支持我。也非常感谢出版社的编辑和各位工作人员，因为有了大家的帮助和支持，我才可以将这本图书完成，展示给大众，帮助更多的改娃爱好者坚持下去。

本书由乖小兔编著。由于作者水平有限，书中难免存在不妥之处，敬请广大读者批评和指正。

编　者

目录 CONTENTS

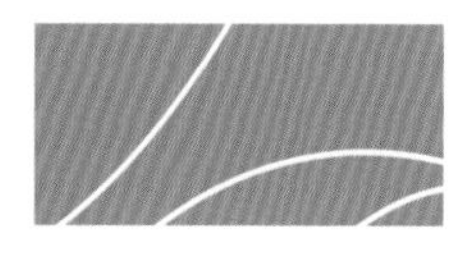

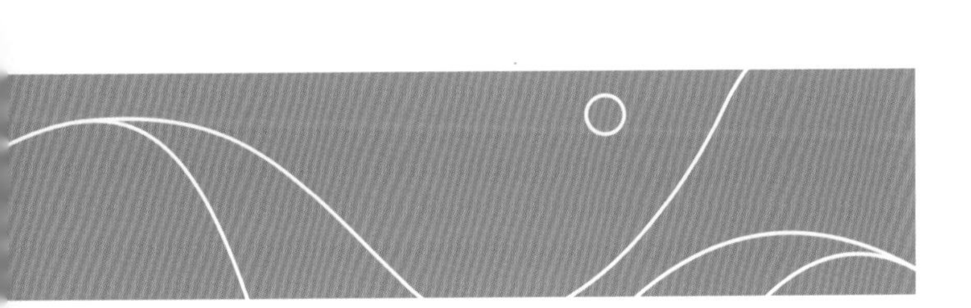

第1篇 娃娃造型设计基础

第1章 初识改娃手艺

我们带着满满的好奇心和自信心进入一个新的领域，开始接触改娃。在无人指导的情况下，我们可能会困惑、会迷茫，也许还会陷入自我怀疑，对此失去热情和信心。

为了帮助大家克服这些消极情绪，本章将为大家介绍改造娃娃的基本知识和作者的心得体会，希望能让新手朋友在之后的改娃过程中有更好的体验。

1.1 娃娃的分类

在各项技术成熟的今天，市面上出现的娃娃数不胜数，接下来给大家介绍市面上比较普遍的两类娃娃，一类是 BJD（球形关节娃娃），另一类是 MJD（机械关节娃娃）。

1.1.1 两类娃娃的区别

对比图

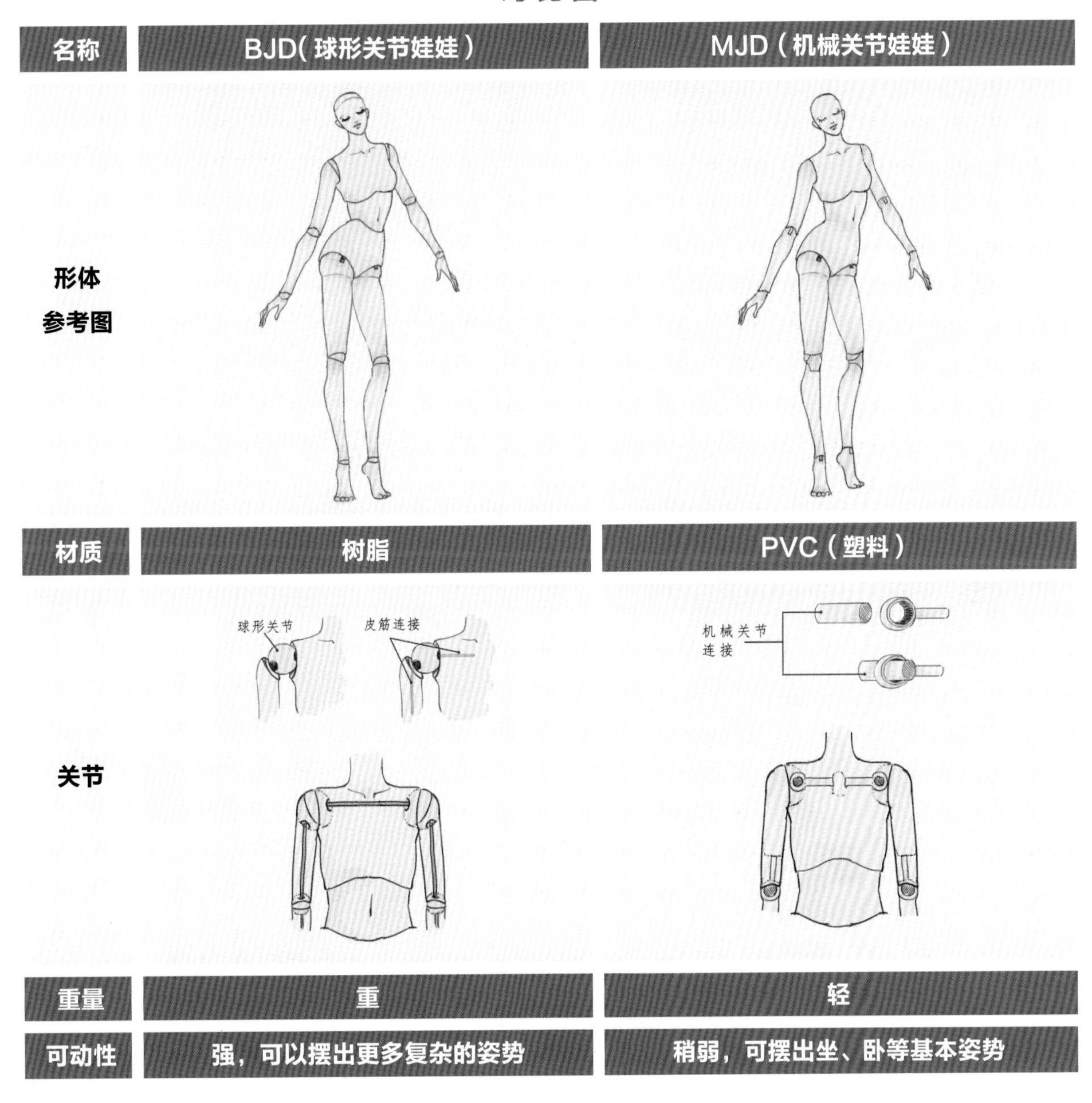

名称	BJD（球形关节娃娃）	MJD（机械关节娃娃）
形体参考图		
材质	树脂	PVC（塑料）
关节		
重量	重	轻
可动性	强，可以摆出更多复杂的姿势	稍弱，可摆出坐、卧等基本姿势

小贴士 现如今，由于科技的进步，MJD 娃娃也推出了采用球形关节组装的产品。

1.1.2 娃娃的尺寸大小分类

娃娃的大小是以“分”来表示的，有 2 分、3 分、4 分、6 分、8 分、12 分几种。下面介绍其尺寸，同等比例下男娃会比女娃高一些（以下尺寸图片仅供参考，因为每个品牌都有自己独特的风格，所以娃娃身高和胖瘦都有差别，并不是统一尺寸）。

尺寸对比图

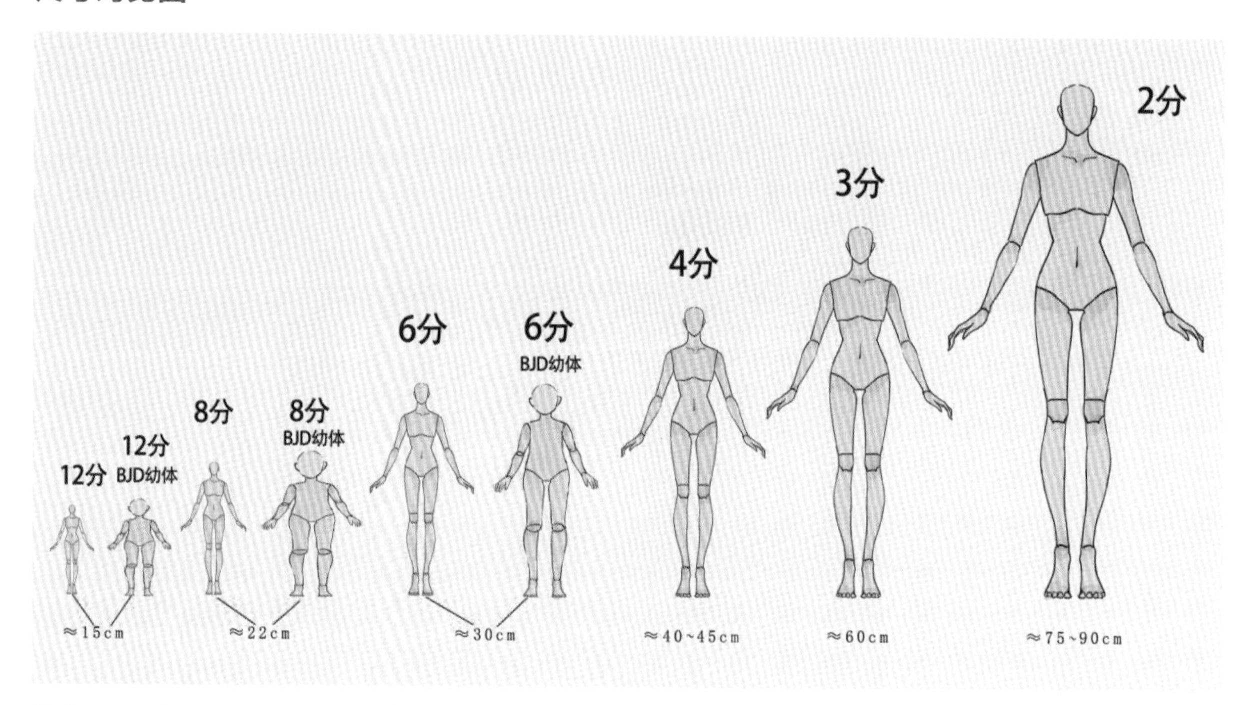

注意：BJD 和 MJD 6 分以下娃娃的区别很大。

1.2 娃娃造型设计基础知识

1.2.1 改造娃娃的准备工作

1. 观察

首先观察娃娃的脸型和五官，思考合适的形象。小兔在书中只是举例说明，读者可以自由发挥想象力，尝试各种风格，不必被书本案例所束缚。

例一

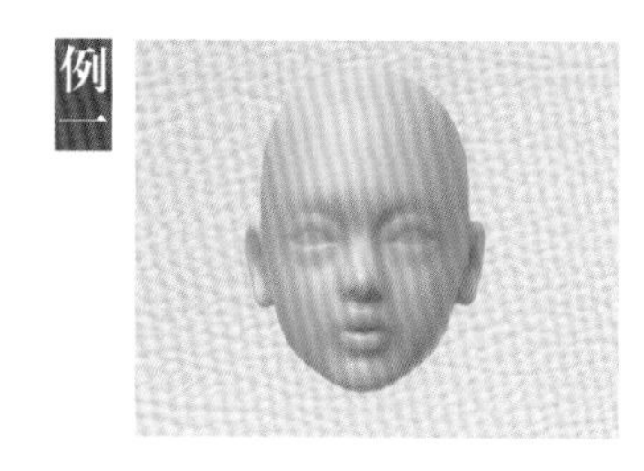

● **品牌：** kissmela

● **款式：** AURORA（奥罗拉）

● **脸型：** 修长，五官立体，可尝试欧美风格。

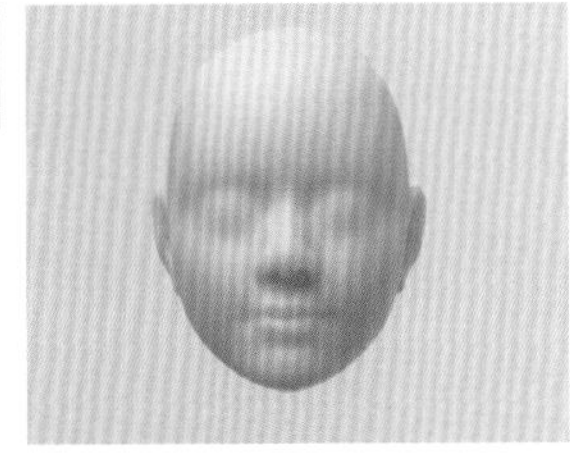

- **品牌：** kissmela
- **款式：** Ms.Peng（彭小姐）
- **脸型：** 脸型圆润，五官较平，可尝试可爱风格。

例三

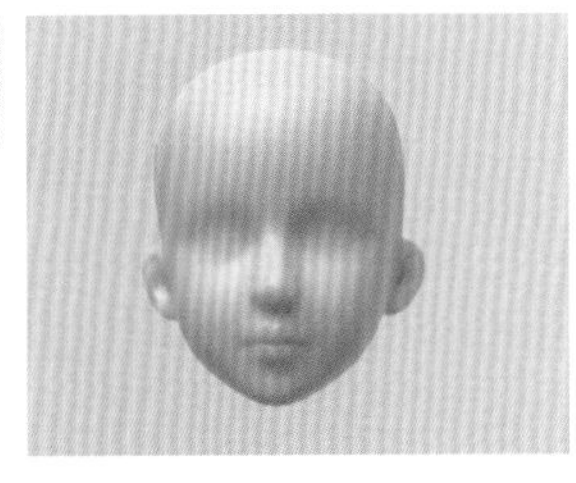

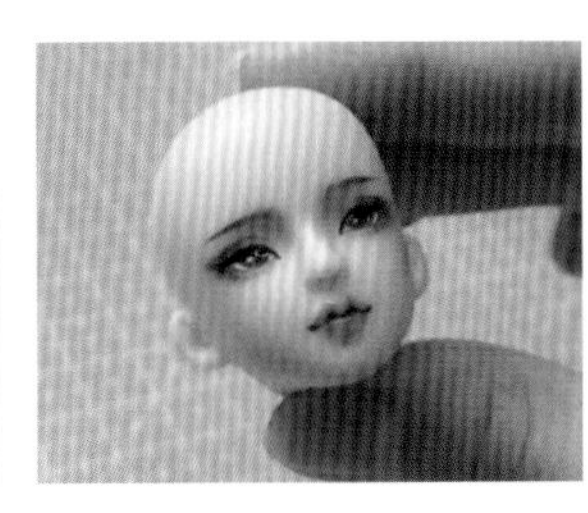

- **品牌：** 心怡
- **款式：** 玥儿
- **脸型：** 瓜子脸型，五官小巧，可尝试古风。

2. 构思设计

不管是制作游戏影视角色还是自己的原创角色，我们都要先理清头绪，把准备工作做好，以免后面的步骤一团乱，增加制作难度，打击信心和兴趣。

先用铅笔画好线稿，确定整体造型。画纸用的是水彩纸。

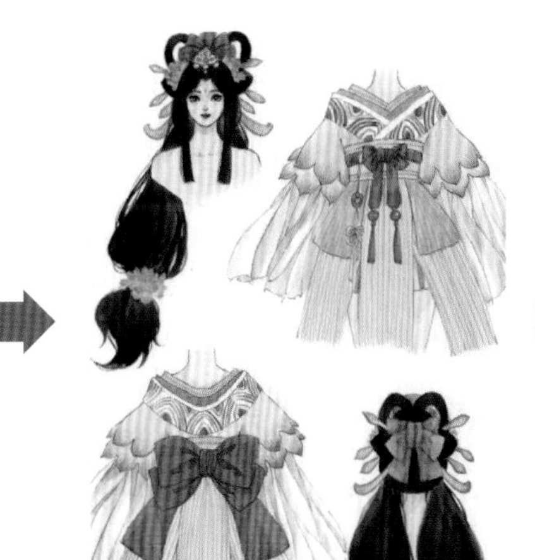

确定线稿之后，开始上色，小兔喜欢用水彩上色，大家可以根据自己的喜好和习惯来选择上色工具。

完成上色，用铅笔标注好各种部位需要用到的材料。用铅笔是因为如果选择了不适合的材料，可以方便地修改或标注。

3. 准备材料

接下来我们根据设计图的标识来购买材料和工具。这个过程有可能会不顺利，因为有些材料需要多次尝试才能找到合适的。大家也可以直接在淘宝上定制需要的材料，这样可以减少很多不便。

工具一开始不必买太多，只购买当前需要的工具即可，以后再慢慢添置，以免购买不必要的工具浪费资源。

1.2.2 改造娃娃的经验之谈

很多朋友入手改娃是因为观看了娃娃精美的照片，于是满心期待地开始尝试。但是在其中却受到挫折，出来的成品并不如意，信心受到打击，甚至决定放弃。

下面是小兔这些年的改娃经验之谈，读者朋友们可做参考，希望大家在改娃之路上能有更多的快乐而不是烦恼。

我们所看到的那些绝美的娃娃，都是作者们花费了很多时间和精力制作出来的，再加上多年来的练习和经验积累，因此这并非一朝一夕的功夫。不要丢弃第一个作品，认真努力一段时间之后，再与之前作对比，看看自己取得了多大的进步。

2 观看改娃的教程

平日里搜集和观看改娃教程，了解和学习各种方法和技巧，然后挑选适合自己的。不必盲目跟风，理性思考，理性学习。最好的学习方法就是先观看一遍教程以熟悉流程，然后观看第二遍把重点记下来，观看第三遍时就准备好材料和工具跟着视频一起实践、体验。

3 勤于练习

经验和手艺都是练出来的，看一百遍教程不如动手制作一回。我们需要多看多学，更重要的是多动手，光是用眼睛看却不动手是永远学不会的。看完之后倒数3秒，然后开始动手制作。这样可以有效防止拖延症，督促自己进步。

4 劳逸结合

在练习的时候也要注意休息和放松，凡事用功过度都会起到反作用。即使是喜欢的事，当它变成烦恼的时候，就该停下来休息了。在遇到怎么做都做不好的瓶颈期时可以停下来，给自己买一杯奶茶，看一部电影，做一顿美食，调整身心，准备再次出发。

第2章

如何绘制人偶的妆面

先从给娃娃化妆开始会比较容易入手。妆化得好，改娃也就成功一半了。本章将给大家介绍绘制人偶妆面所需的工具、材料以及方法。

2.1 绘制妆容的工具和材料

2.1.1 打底材料

什么是打底?

化妆前的喷涂称为“打底”。化完妆后，再喷涂一遍，称为“定妆”，保护妆面不受空气和阳光的侵蚀。

为什么要打底?

消除光泽。娃娃脸部本身是光滑的，直接上妆很困难。喷涂之后，使脸部呈亚光状态，更容易上妆。

可选材料对比图

名称	消光	罩光剂	媒介
图片			
品牌	郡士	丽维特	丽维特
型号	B514	亚光	亚光
原本性质	亚光油漆，用于保护玩具模型涂层	用于在绘画的时候增加笔触的流动性或者作为底光泽的拼贴画黏合剂使用	在绘画完成以后，用来保护画作，干燥后防尘、防污，可形成有韧性、不变黄、无黏性的坚固表面
用途	消除光泽，保护妆面不受空气和阳光的侵蚀	消除光泽，保护妆面不受空气和阳光的侵蚀	消除光泽，保护妆面不受空气和阳光的侵蚀
使用方法	使用前摇晃 20~30 下，喷涂距离保持在 20 厘米左右，干燥时间大概在 30~60 分钟	无须加水，使用前摇晃均匀倒在容器内，用化妆海绵蘸取，用后等待 20~30 分钟，手触摸无黏性即可	加水稀释，加水量为 25%~50%，根据自己的需要调成牛奶状即可。稀释之后用化妆海绵蘸取或加入喷枪中使用

（续表）

名称	消光	罩光剂	媒介
注意事项	可喷涂 1~2 次，更好上色。少量多次地喷涂，切勿连续喷涂，等干燥后再喷第二次，否则会出现泛白、难以着色等问题，尽量避开阴雨天气，在干燥的环境中使用	不建议加入喷枪内使用，罩光剂黏稠，容易堵塞喷枪	会有沉淀和黏腻感，在喷枪内使用过后，及时用酒精清洗，以防堵塞喷枪
特点	消光属于油漆类，含有甲醛等有毒物质，为了大家的健康，一定要在室外通风的地方使用或佩戴防毒面具	无毒，气味较小，定妆时容易弄脏妆面。需要定妆两次，先用媒介，再用本品	无毒，气味较小，干燥后稍有黏连感，需要用罩光剂再次定妆

2.1.2 绘制材料

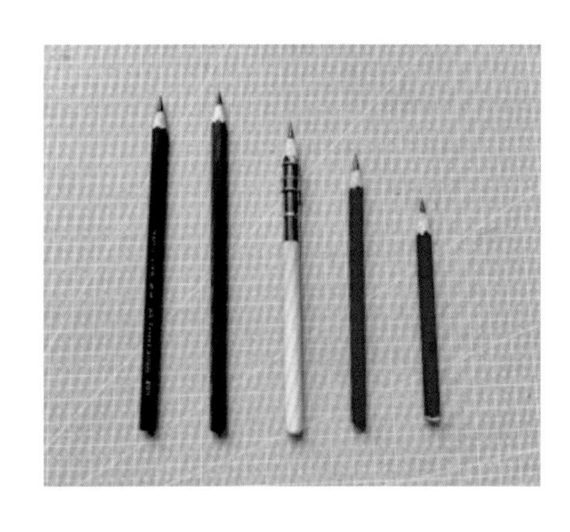

水溶彩铅

水溶彩铅质地柔软，容易着色，笔芯里面加入了水彩颜料，画错了也可以轻松修改。

书中使用的水溶彩铅
品牌：辉柏嘉
款式：红盒 24 色

小贴士

1. 常用削笔刀让笔尖保持尖锐，事半功倍。
2. 建议买单色盒装，许多颜色不适合化妆。买常用色的单支比较实用，比如黑色、褐色等。

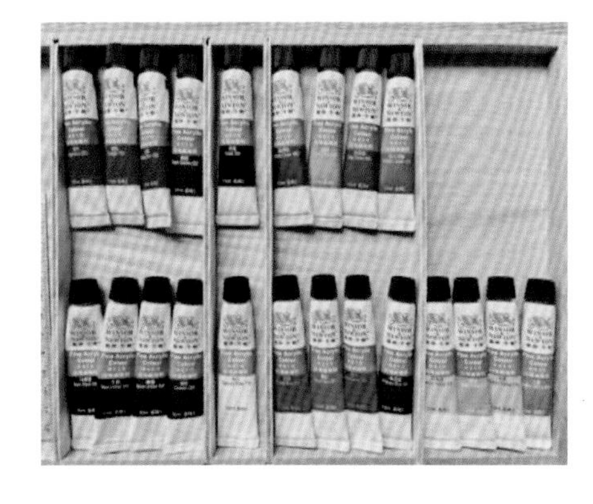

丙烯颜料

使用彩铅画完草稿之后，用丙烯来加深、细化。
丙烯的优点是耐水性好，颜色鲜艳。
缺点是没有彩铅容易掌握和修改。

书中使用的丙烯颜料
品牌：温莎牛顿
款式：盒装管状 24 色

● **使用方法**

挤适量在陶瓷调色盘中，加水稀释，搅拌均匀，用面相笔蘸取使用。

● **色粉**

画一些需要自然过渡和晕染的部位，比如鼻影、腮红、眼影。

书中使用的色粉
品牌：盟友
款式：绿盒 36 色

● **使用方法**

用刮刀刮下少量粉末，用化妆刷蘸取使用。

● **闪粉**

给娃娃的眼睛增添光彩。

书中使用的闪粉
款式：滴胶闪粉

● **使用方法**

定妆之后，用小号刷子蘸取，轻轻点在娃娃的眼睛部分，再涂上光油固定。

● **光油或甲油胶封层**

给娃娃眼睛和嘴唇提亮。

甲油胶封层需配合紫光灯使用。

● **使用方法**

在娃娃化妆完成之后，先定妆，再用笔蘸取光油涂抹需要提亮的部位，比如眼睛、嘴唇。

2.1.3 辅助工具

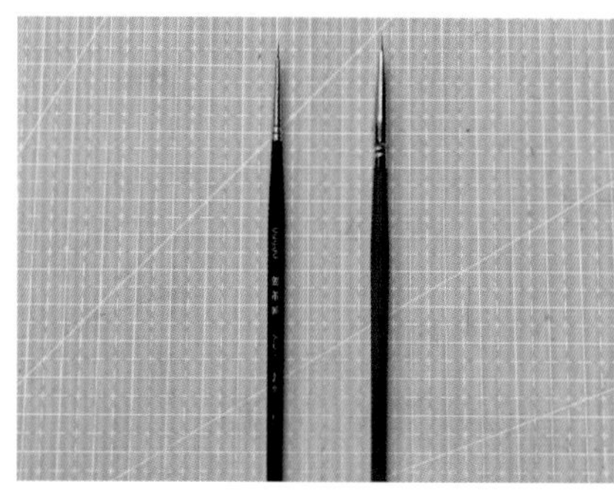

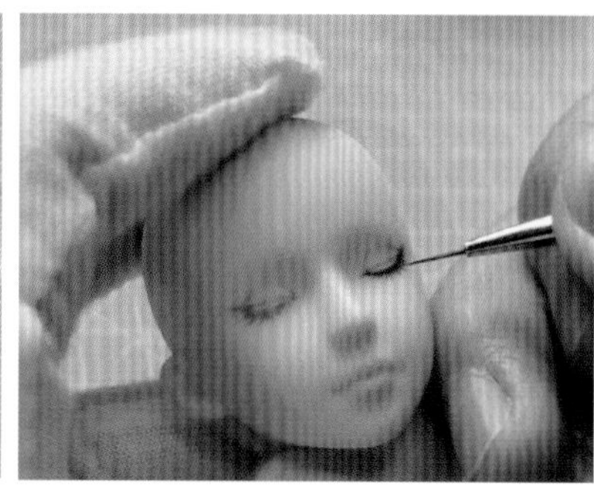

● **面相笔**

用来蘸取丙烯颜料，面相笔非常细，适合画睫毛之类的细节部分。

书中使用的面相笔

品牌 1 名称：谢德堂面相笔

型号：00000

品牌 2 名称：极细美甲拉线笔

● **化妆刷：**蘸取色粉，给娃娃化妆，我们平常所使用的眼部化妆刷皆可。

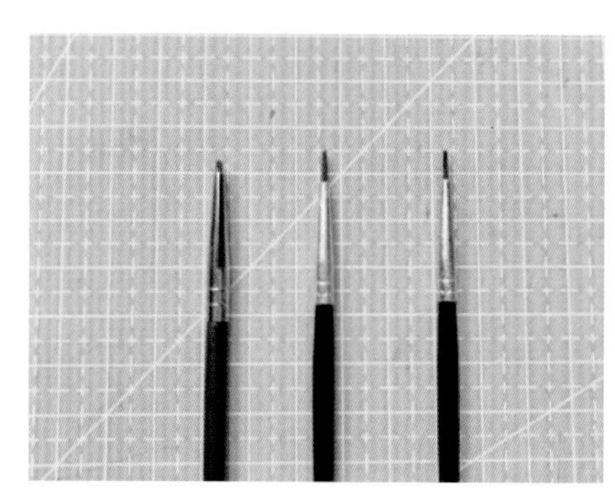

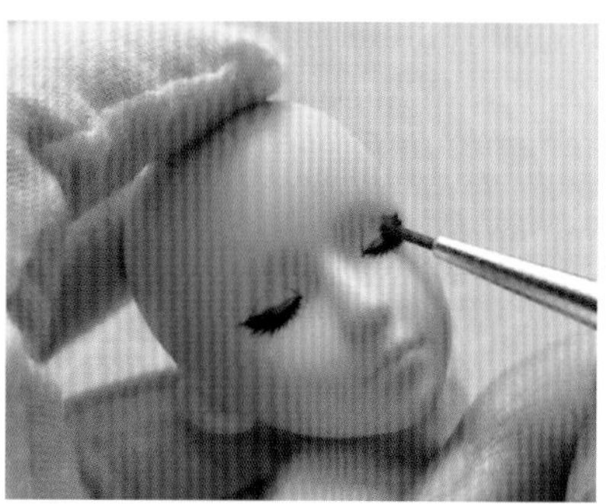

● **小号刷子**

用于涂刷细节部分。

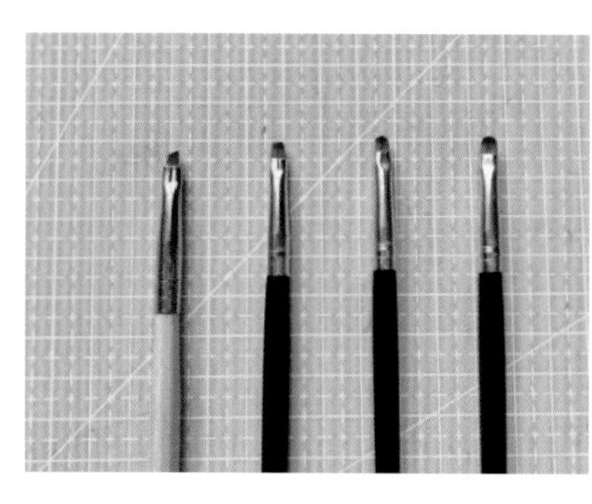

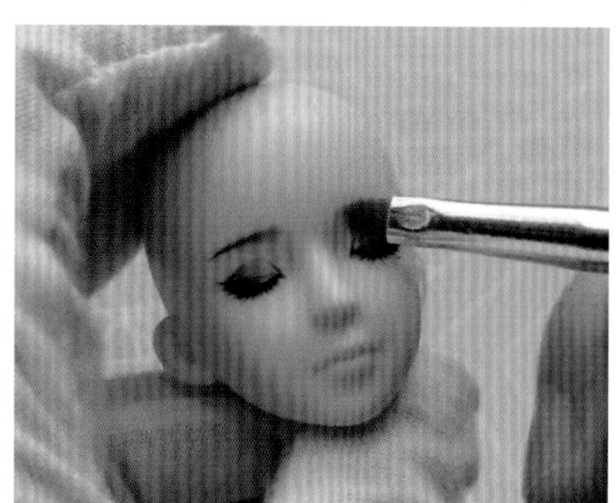

● **中号刷子**

用于鼻影、嘴唇部分的上色。

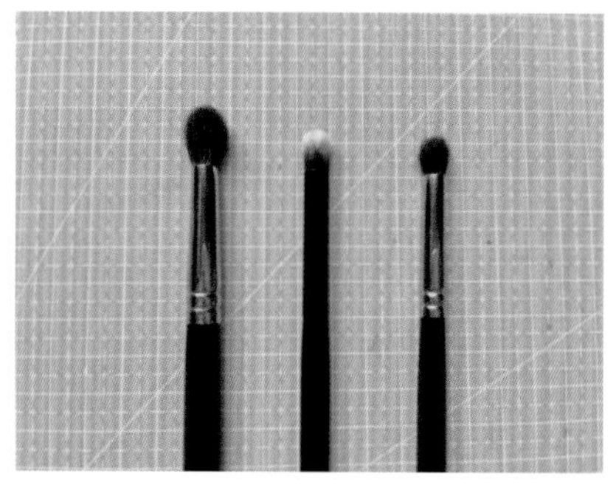

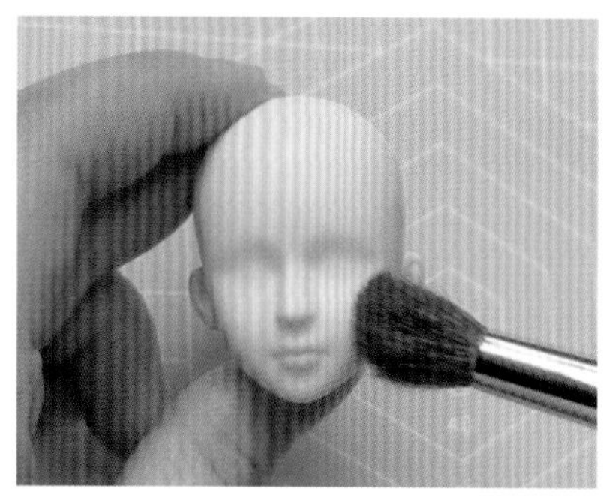

● **大号刷子**

用于腮红、侧影部分的上色，以及扫去脸部的灰尘。

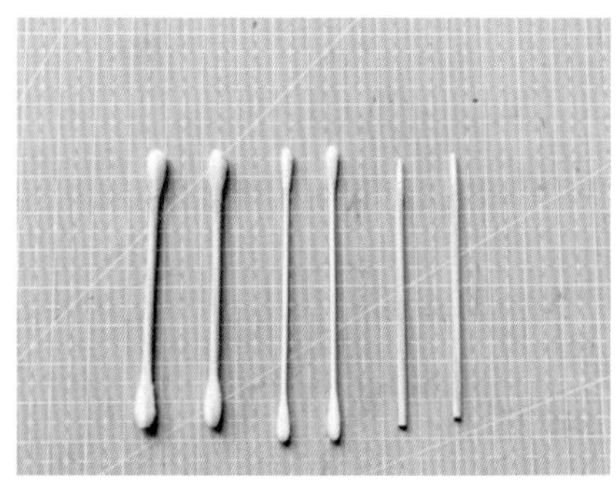
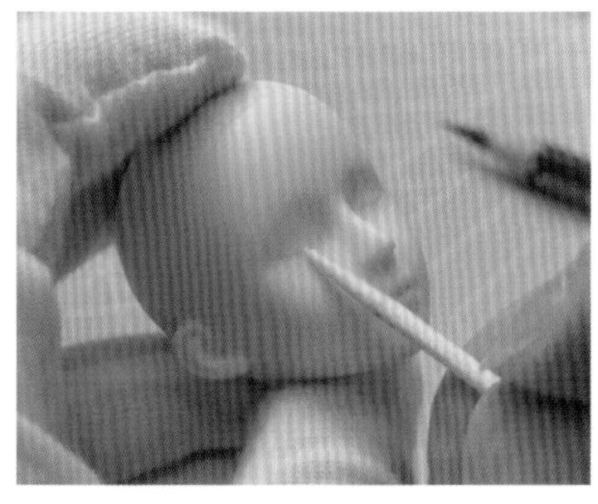

● **棉签**

准备两种棉签：圆头棉签，用于晕染和清理大面积的错误；尖头棉签，用于清理小细节，也用于给娃娃嘴角等细节部分卸妆。

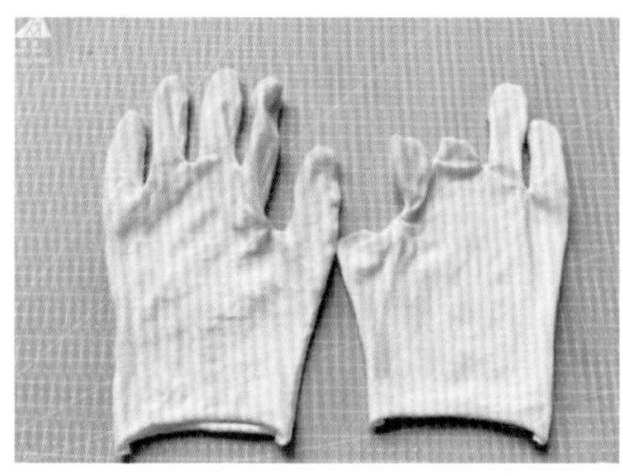
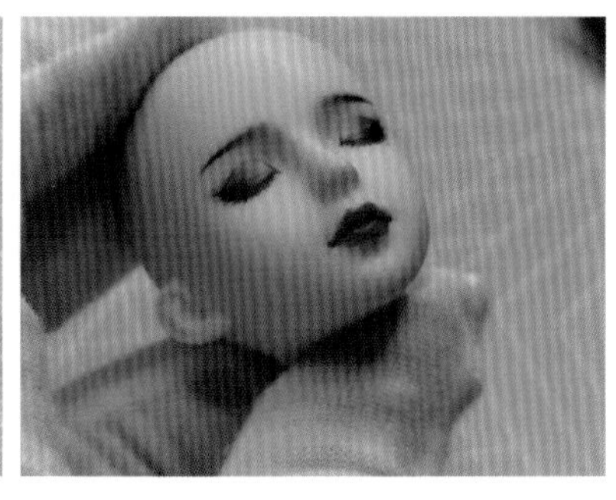

● **棉质手套**

工作时间长了，手上会有汗水和油脂，在没有定妆之前，触碰娃娃的脸，会损坏妆容，所以戴上手套可以保护妆容。

2.2 眠眼妆容的绘制

2.2.1 眠眼妆容的特点

● **什么是眠眼**

眠眼是指睡眠状态下的眼睛，也就是闭眼的状态。

● **眠眼的特点**

眠眼所表现的是温柔、恬静的气质。

● **娃娃品牌：**心怡

● **娃娃款式：**玥儿

2.2.2 化妆前的准备工作

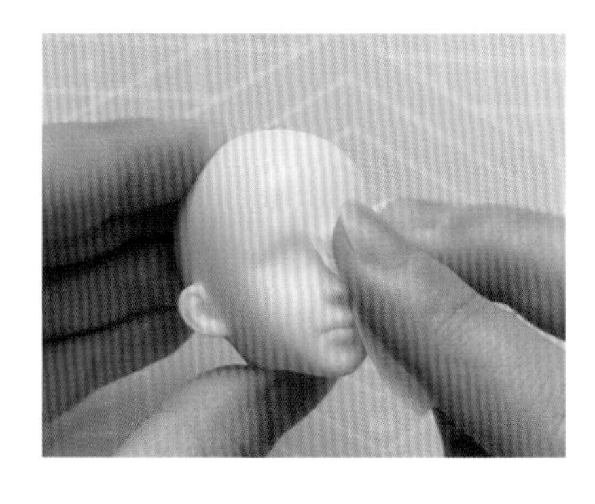

①用酒精棉片把娃娃头擦拭一遍，清理灰尘和毛发。

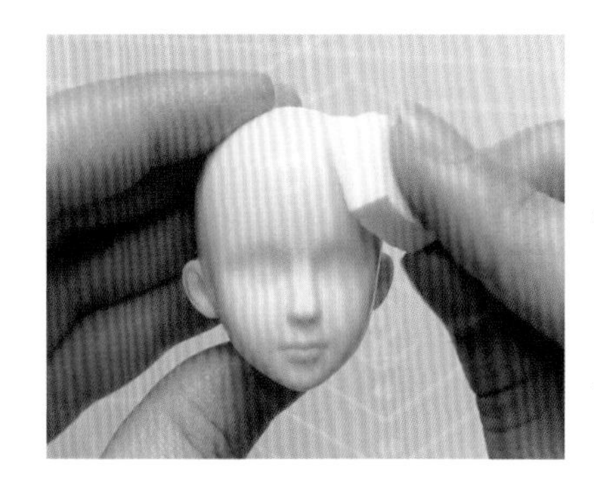

②上打底材料，喷消光或者用海绵扑上亚光媒介，完成后晾干 10 分钟。

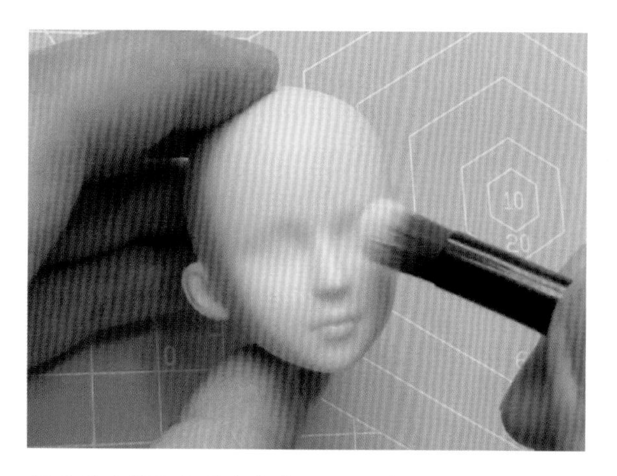

③用刷子蘸取少量白色色粉，刷到娃娃脸上，少量多次。薄涂一层白色色粉的目的是让彩铅和其他颜色的色粉容易着色，而白色色粉在娃娃脸上近乎透明，不会影响接下来的妆容。

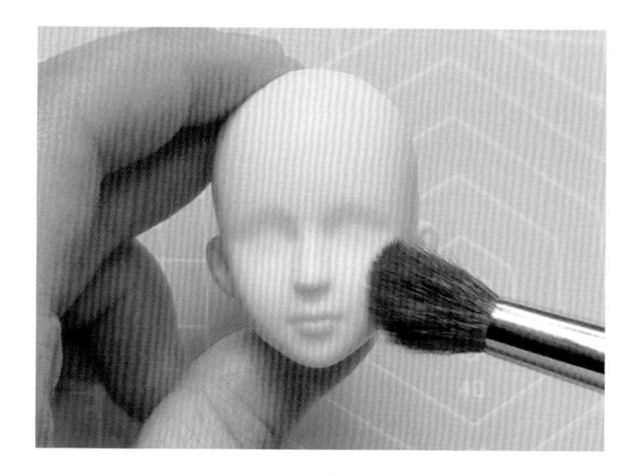

④涂刷均匀，多余的色粉用扫尘刷子轻轻刷去。

2.2.3 眼妆绘制

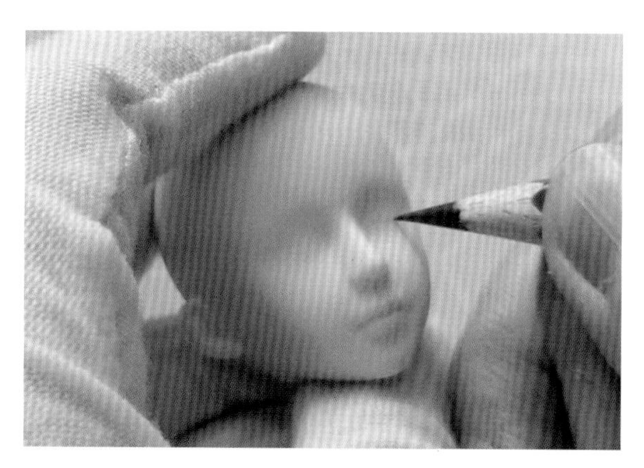

①用浅咖色彩铅开始画基础眼型。

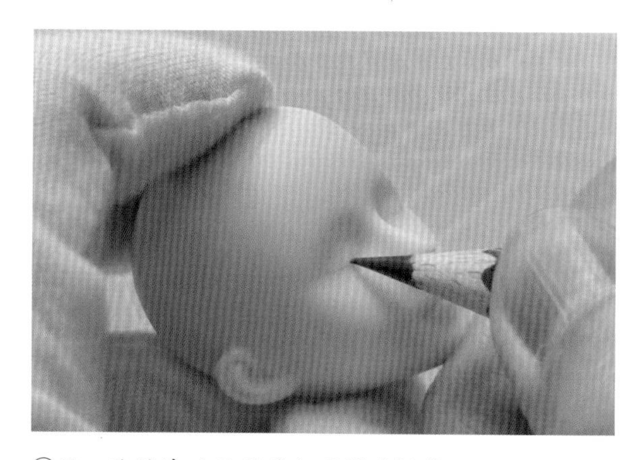

②另一边的基础眼型进行同样的操作。

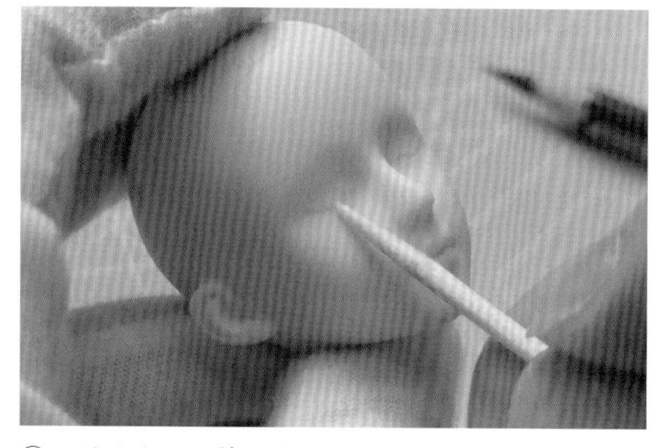

③画错的地方用棉签蘸水擦去。

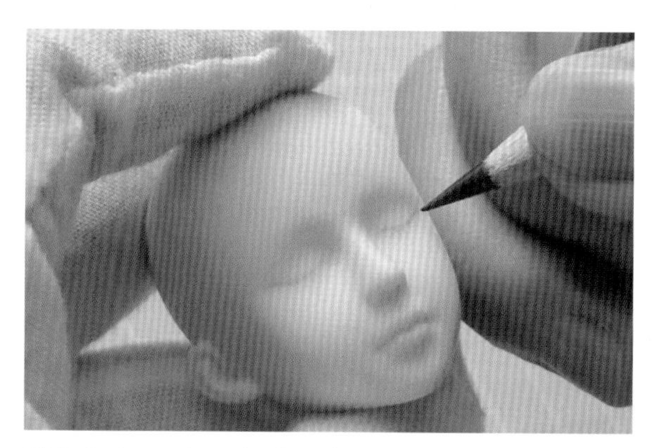

④由上至下一根一根地画睫毛。

⑤由外向里画双眼皮。

⑥由下至上画眼窝。

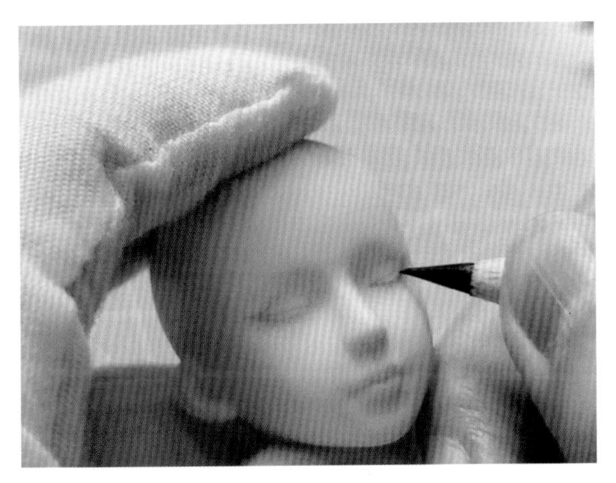

⑦草稿完成后，用黑色水溶彩铅沿着草稿加深颜色。

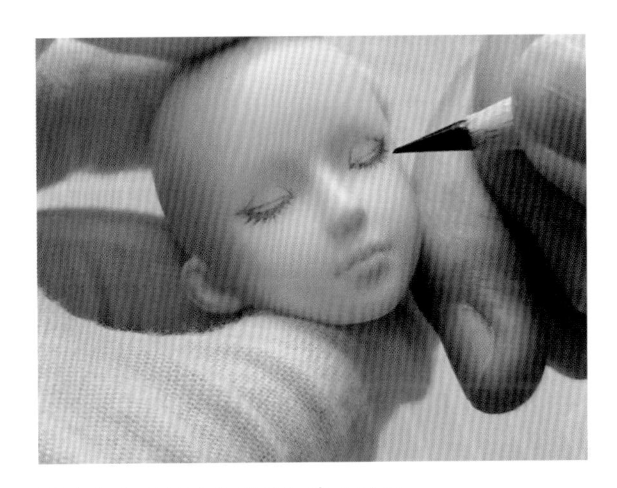

⑧由上向下用黑色彩铅把睫毛描深。

⑨准备马斯黑、生褐、熟褐三种颜色的丙烯颜料。

⑩加适量水稀释颜料。

⑪将颜料搅拌均匀。

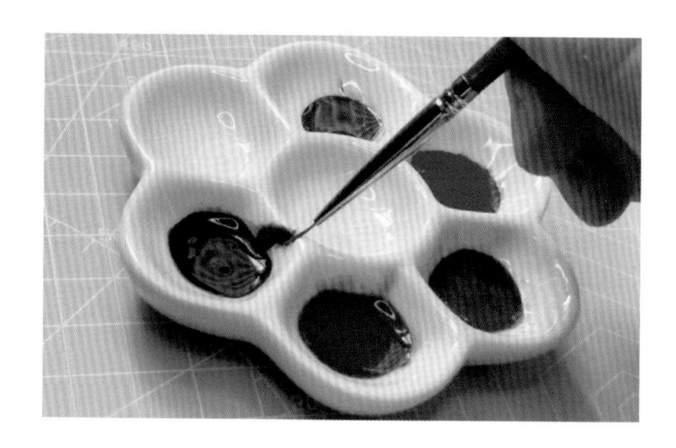

⑫用面相笔蘸取颜料。

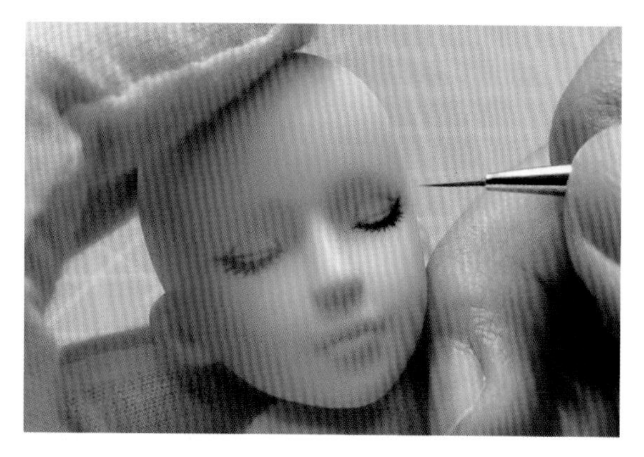

⑬先画出弧形，然后由上向下画睫毛，睫毛呈放射状散开。

⑭将笔洗干净，蘸生褐或者熟褐颜料加深双眼皮部分。

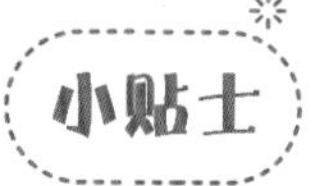

用面相笔蘸黑色丙烯颜料先加深睫毛，沿着之前的草稿画会很容易，所以要在确定草稿无误之后再用丙烯颜料加深。

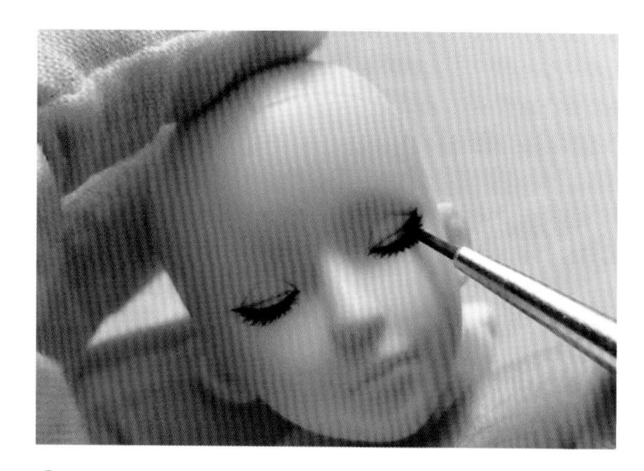

⑮用小号刷子蘸取少量黑色色粉，在双眼皮线以内的部分涂抹，由尾至内渐变晕染。切记一定少量多次，以免分量过多不易修改。

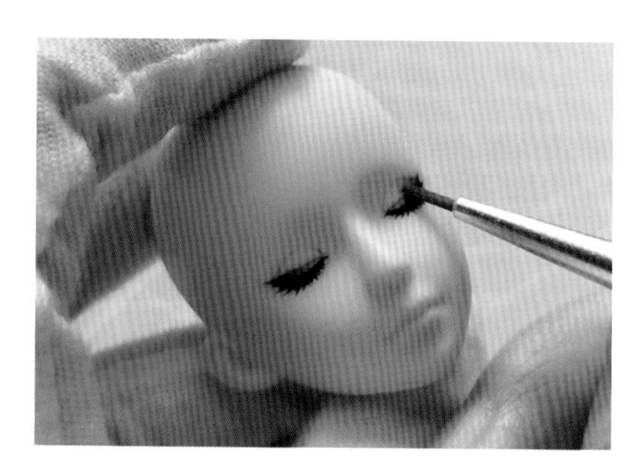

⑯蘸取红色色粉，少量多次由尾至内晕染。

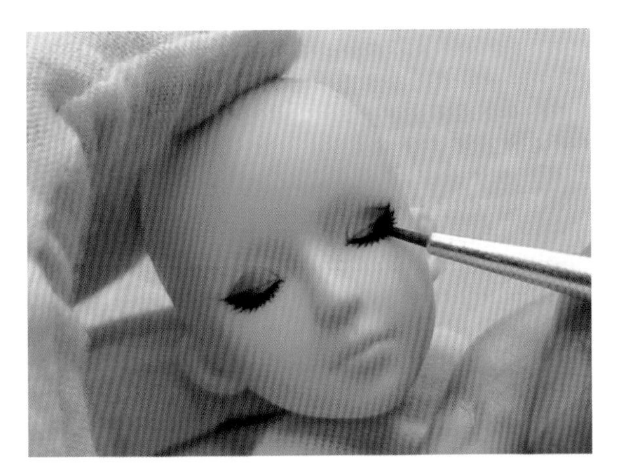

⑰蘸取黑色色粉加深眼尾。

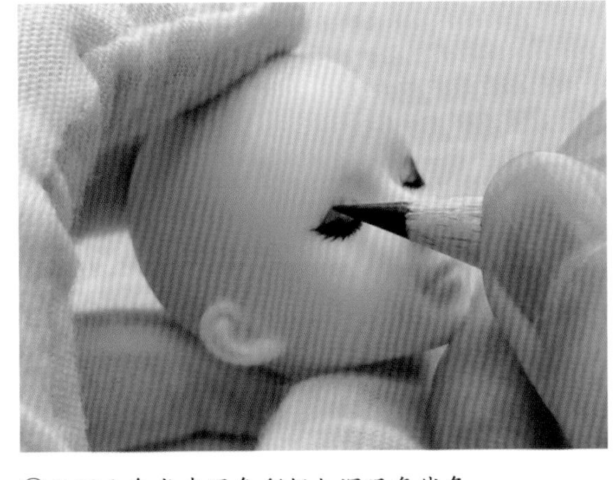

⑱用深咖色或者黑色彩铅加深眼角线条。

⑲用深咖色彩铅加深眼窝线条。

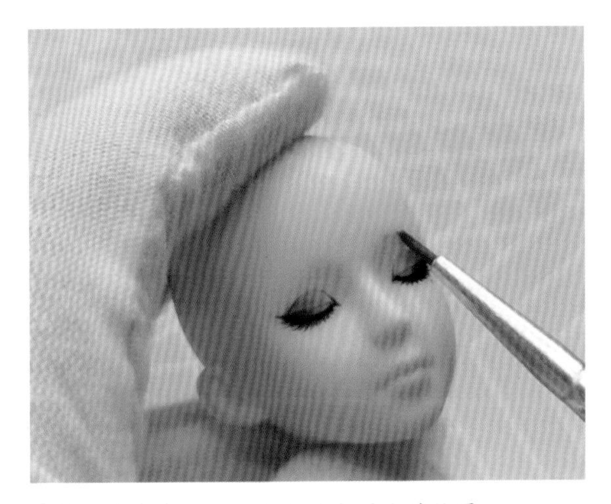

⑳蘸取咖色色粉，用刷子确定眉毛的位置。

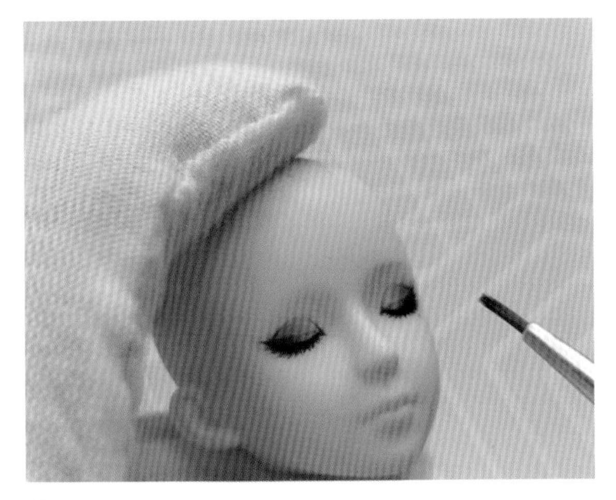

㉑画出眉形。

㉒用深咖色彩铅画眉毛，一笔一笔地画。用黑色彩铅加深眉中和眉尾。

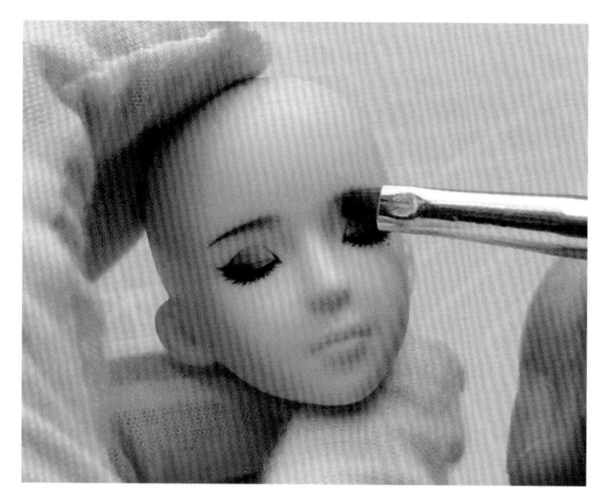

㉓用扁头刷子蘸取浅咖色粉，由上往下刷出鼻影，此步骤所需色粉量极少，可以在蘸取色粉后将刷子在纸巾上擦一下，再上色。

2.2.4 唇妆绘制

①蘸取红色色粉，顺着嘴唇的模子进行涂抹。

②涂抹出唇形，多余的部分用棉签蘸水擦去。

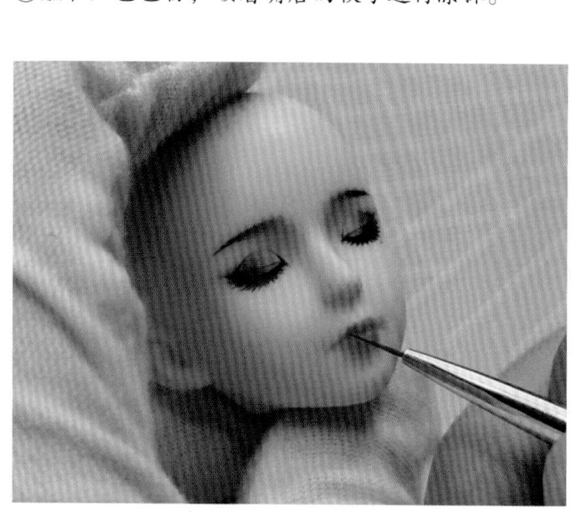

③深红色的丙烯颜料加水稀释，降低浓度。先薄涂上唇，确定嘴唇的大致轮廓后再从里到外把颜色晕染开。

④用同样的笔法涂抹下唇。

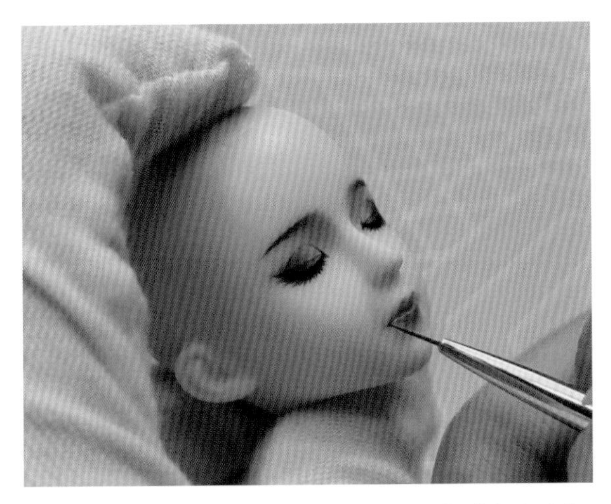

⑤用笔尖一点点地勾出嘴角，可以自行调整嘴角的弧度。

⑥一层一层地加深，边加深边调整唇形。

⑦用熟褐丙烯颜料沿着唇间的缝隙画阴影。

⑧在上唇的中间画两个小三角，让嘴唇更加立体。

⑨用浅咖色彩铅在下唇的正中画一个小弧形，以增加唇部的立体感。

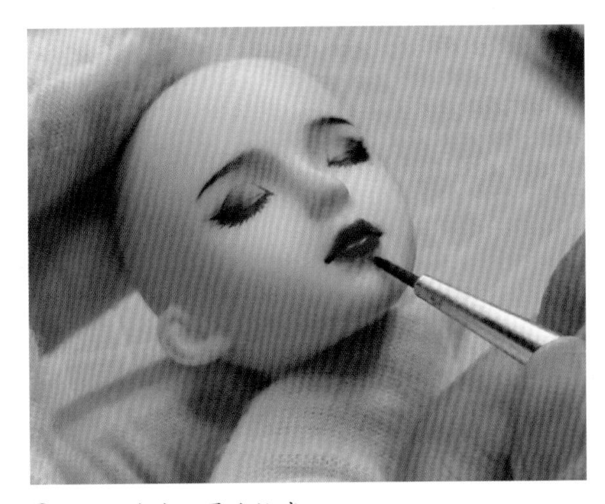

⑩用浅咖色色粉晕染轮廓。

⑪弧度绘制完成。

⑫用大号刷子蘸取红色色粉，在靠近眼睛下面的位置由内向外轻刷，让腮红和眼影融为一体。

2.2.5 收尾工作

①用消光或者媒介定妆，等待晾干。

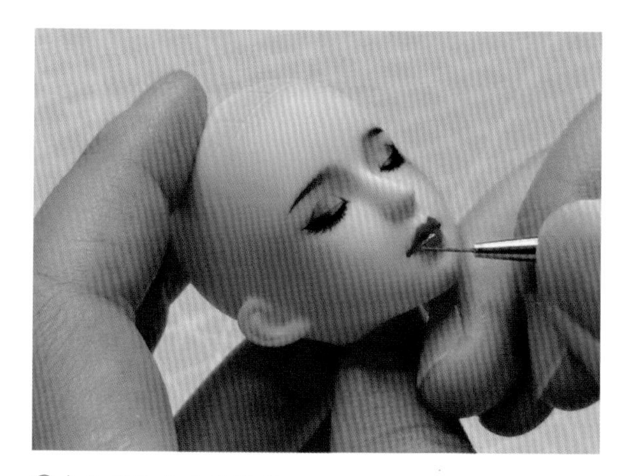

②在唇部涂上光油提亮。

③一个温柔的眠眼妆就完成啦。

2.3 半眠眼妆容的绘制

2.3.1 半眠眼妆容的特点

● **什么是半眠眼**

半眠眼是指半睁状态下的眼睛，由于眼皮遮盖，眼珠部分只露出一半。

● **半眠眼的特点**

半眠眼所表现的是妩媚、妖娆的气质。

● **娃娃品牌：**心怡

● **娃娃款式：**玥儿

2.3.2 化妆前的准备工作

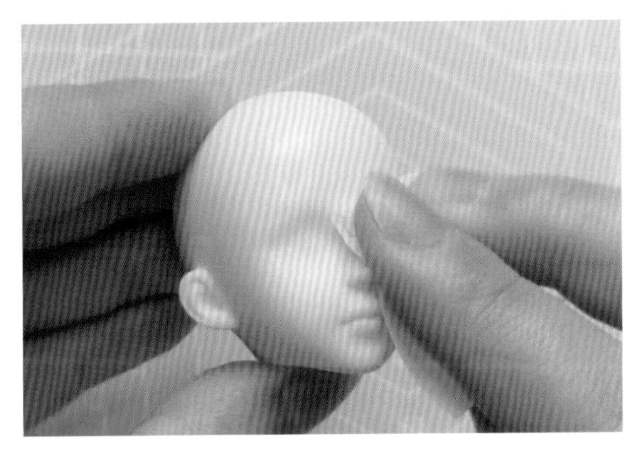

①用酒精棉片把娃娃头擦拭一遍，清理灰尘和毛发。

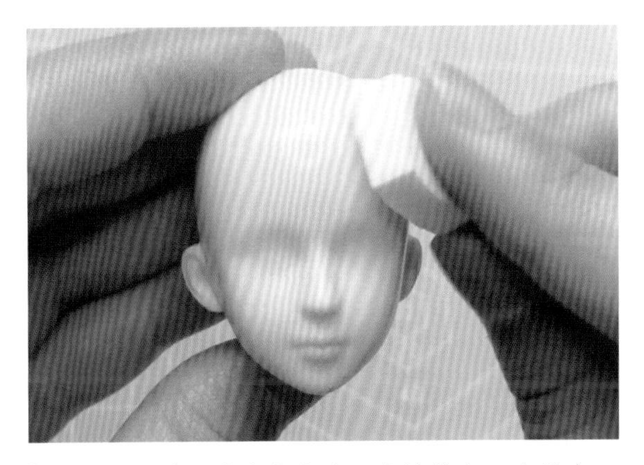

②上打底材料，喷消光或者用海绵扑上亚光媒介，完成后晾干 10 分钟。

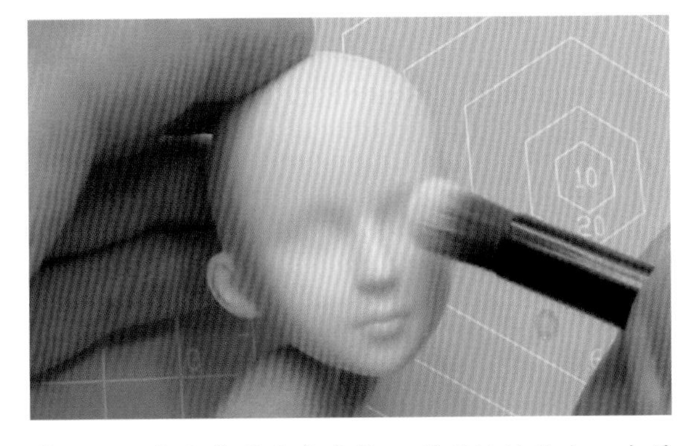

③用刷子蘸取少量白色色粉，刷到娃娃脸上，少量多次。薄涂一层白色色粉的目的是为了让彩铅和其他颜色的色粉容易着色，而白色色粉在娃脸上近乎透明，不会影响接下来的妆容。

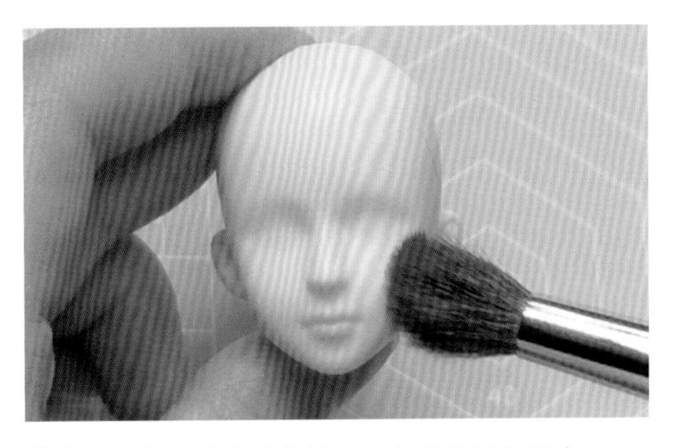

④涂刷均匀，多余的色粉用扫尘刷子轻轻刷去。

2.3.3 眼妆绘制

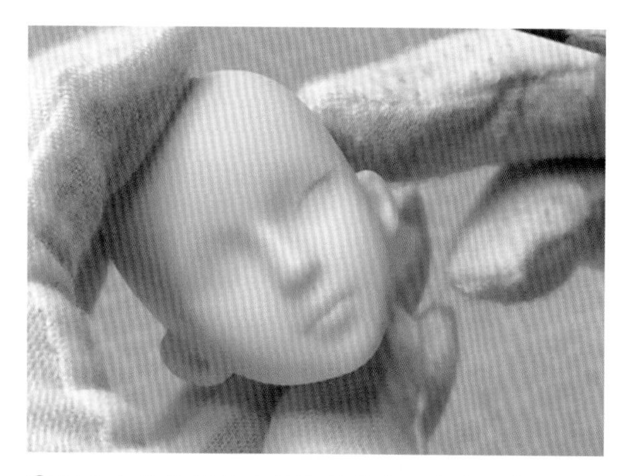

①用浅咖色的彩铅开始绘制草稿，使内眼角下垂，眼尾上挑，确定眼睛的位置。

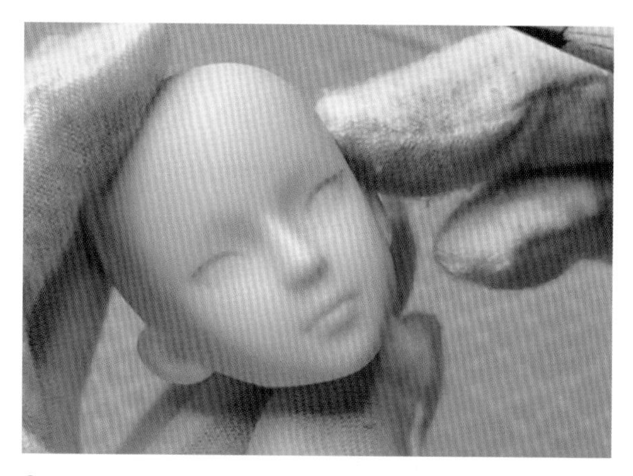

②用同样的方法绘制两边的眼眶。

③用红色彩铅画出下眼睑。

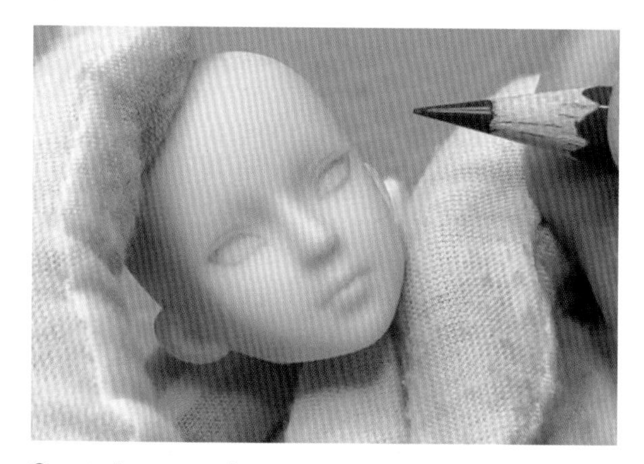

④用棕色彩铅沿着眼眶形状画双眼皮，眼眶形状类似平行四边形。

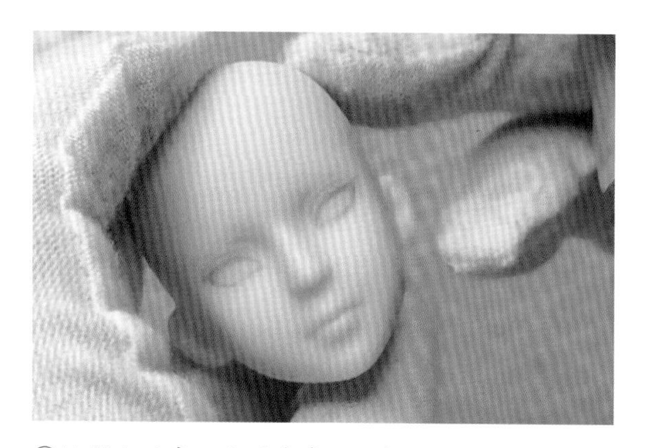

⑤绘制小眼窝，位置在鼻子山根处，画一个类似括号的小弧形。

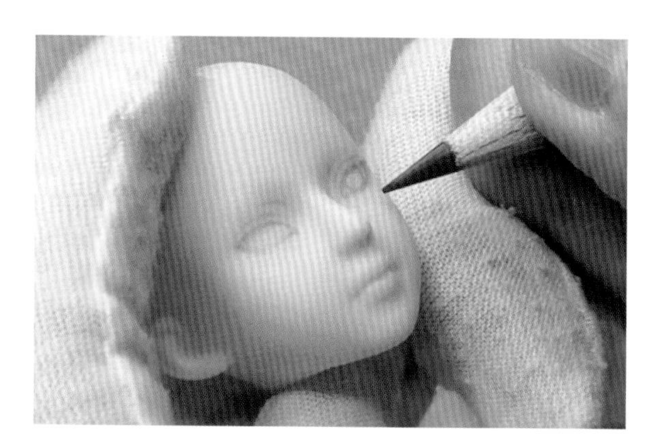

⑥绘制眼珠，只需画一半，这是半眠眼的主要特点。

⑦另一边的眼睛也是同样的画法。

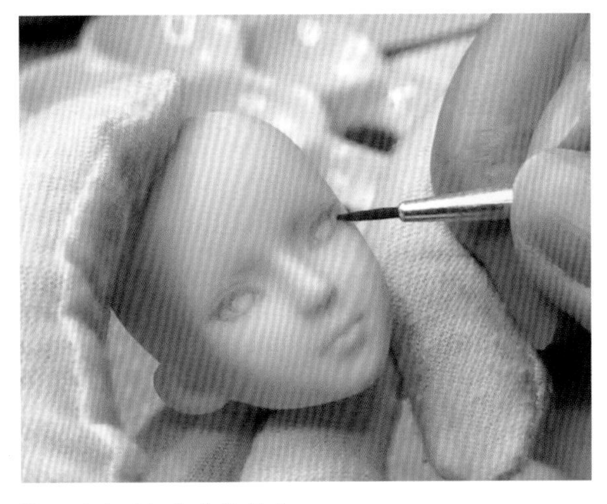

⑧下眼睑用红色色粉晕染。

⑨两边晕染完成，眼尾晕染面积可大一些。

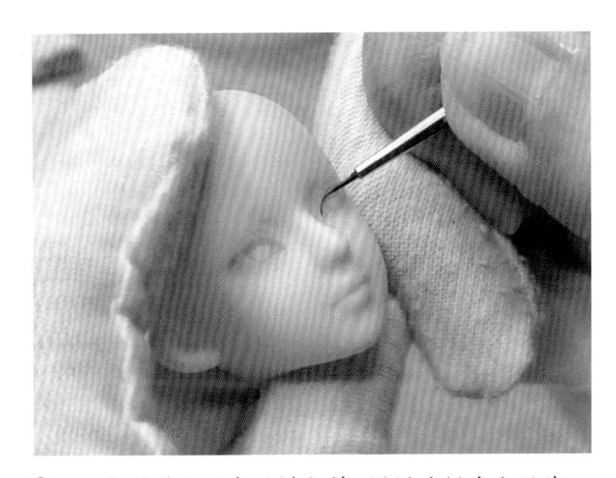

⑩用面相笔蘸取黑色丙烯颜料，慢慢地描出上眼线。

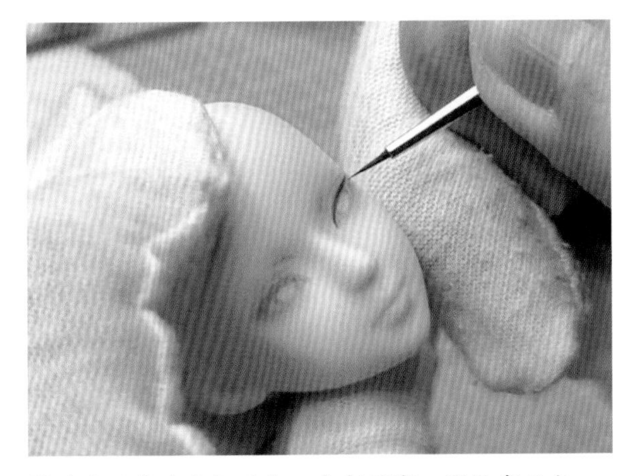

⑪使内眼角线条细而尖，中部稍宽，眼尾宽而尖。

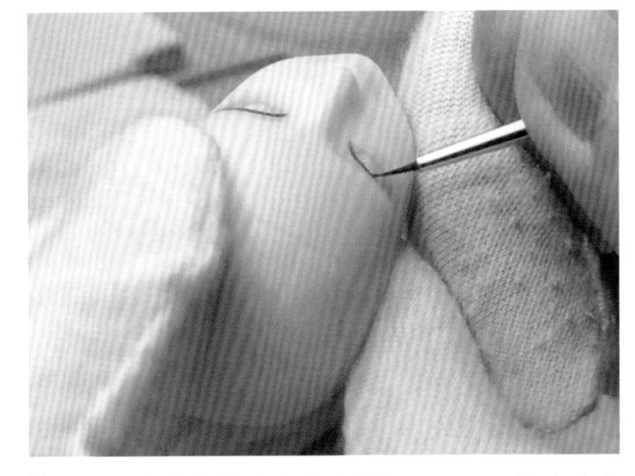

⑫由于眼线是绘制妆面的难题之一，可以将娃娃头倒过来，或者变换各种角度，找到自己顺手的角度进行绘制。

⑬完成两边眼线的绘制。

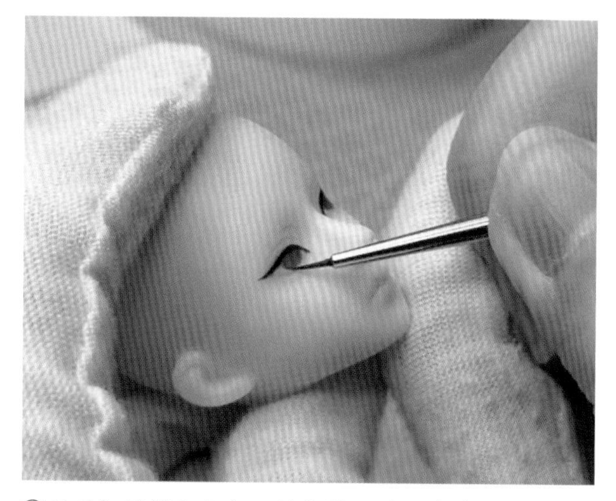

⑭用面相笔蘸取咖色丙烯颜料，将眼珠填满。

⑮眼珠填充完成。

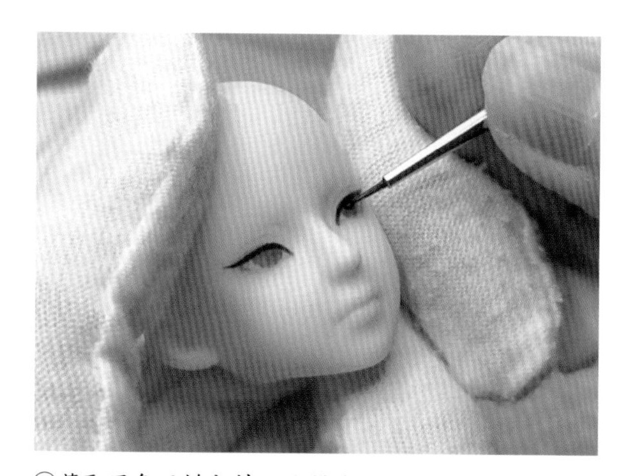

⑯蘸取黑色丙烯颜料，绘制瞳孔。

⑰瞳孔也只需画一半即可。

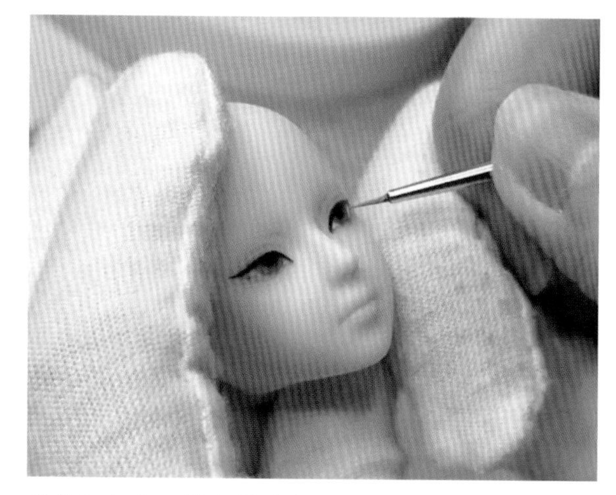

⑱蘸取白色丙烯颜料填充眼白。眼白部分较小，可以少量多次来填充。

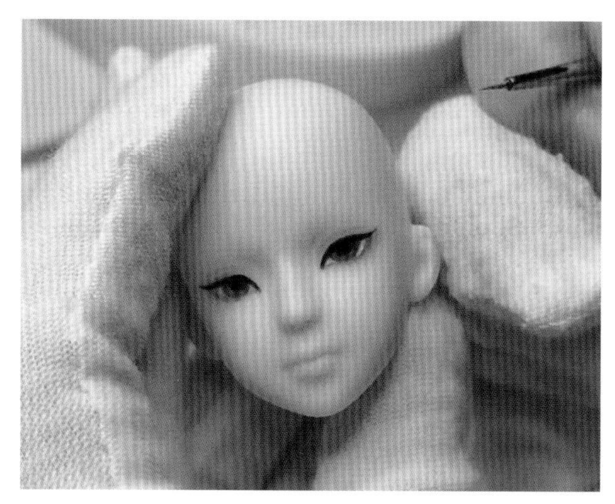

⑲眼白填充效果。

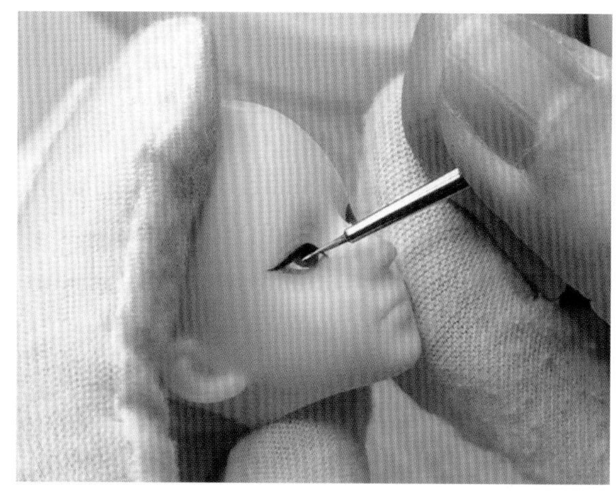

⑳用白色丙烯颜料点出高光。

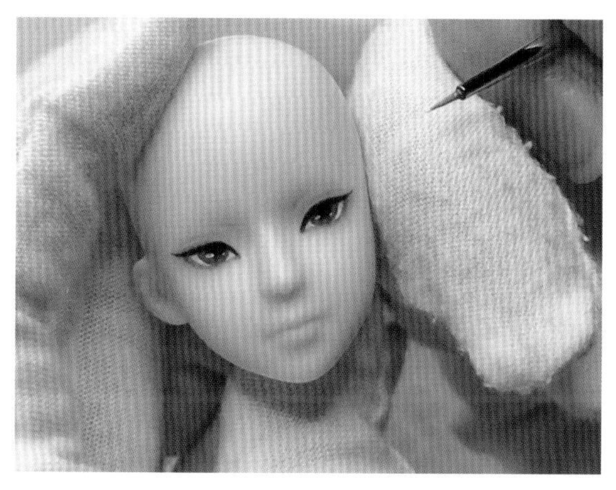

㉑靠上的高光较大，靠下的只需轻轻一点即可。高光不必太多太大，否则可能起到反作用。

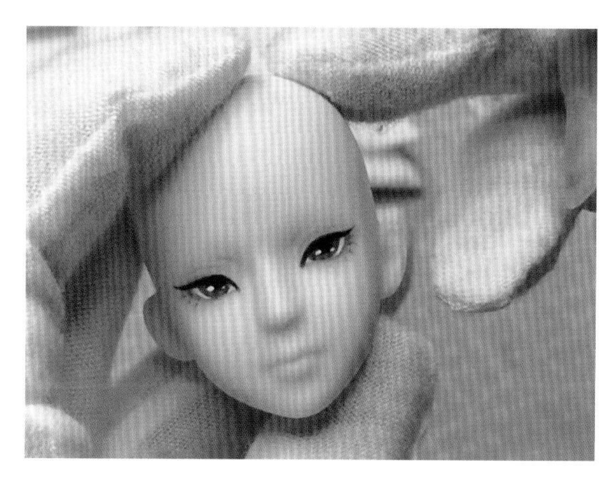

㉒用浅咖色彩铅画出睫毛的大概形态和位置。

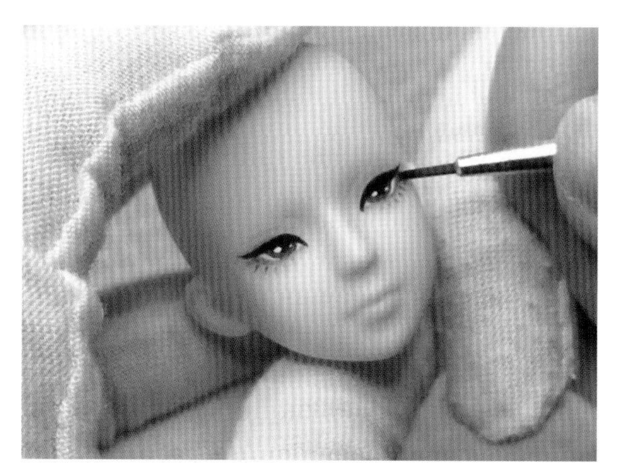

㉓蘸取黑色色粉从眼尾至内眼角晕染，越靠近眼尾颜色越浓。

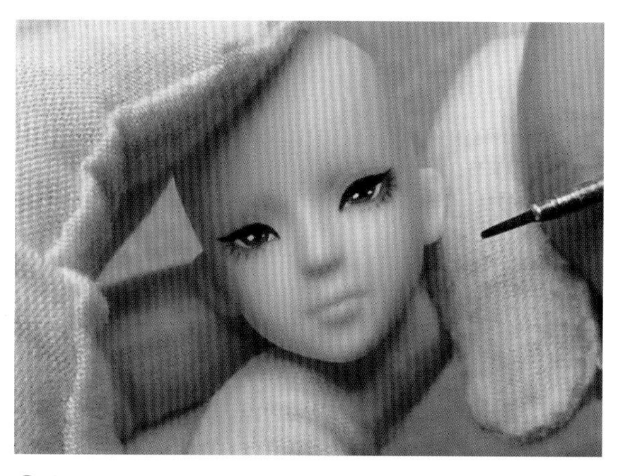

㉔晕染完成后的效果。

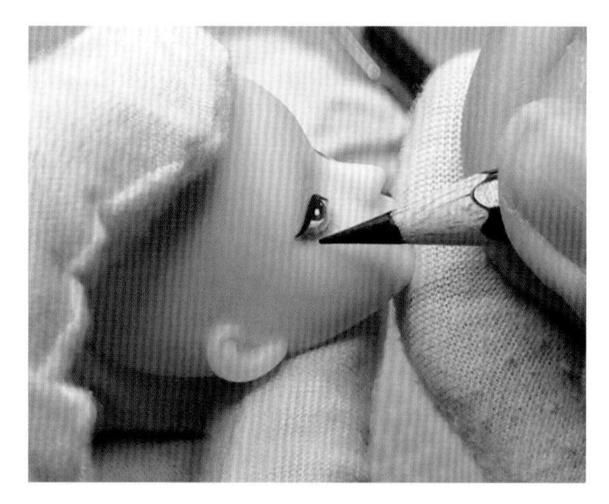

㉕用黑色彩铅加深睫毛，由内向外轻轻描画，逐次加深，以达到自然的睫毛效果。

㉖下睫毛描绘完成。

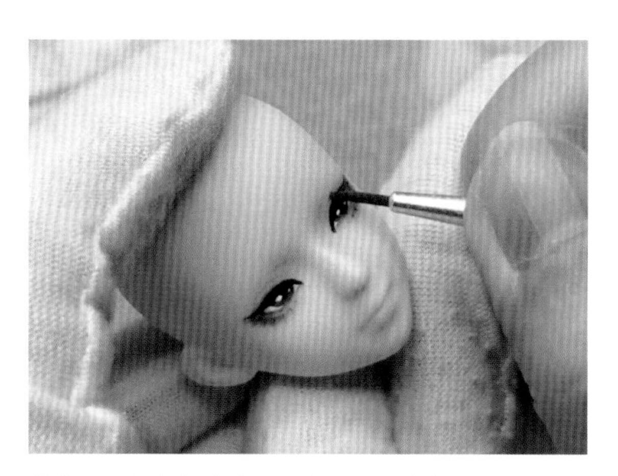

㉗蘸取红色色粉涂抹双眼皮的褶皱内部。

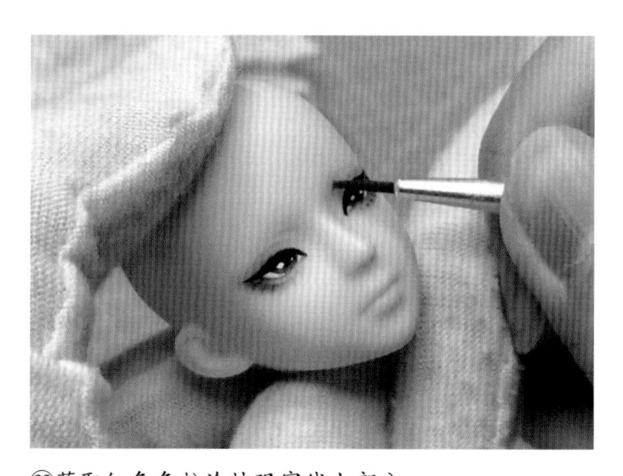

㉘蘸取红色色粉涂抹眼窝线上部分。

㉙涂抹完成效果。

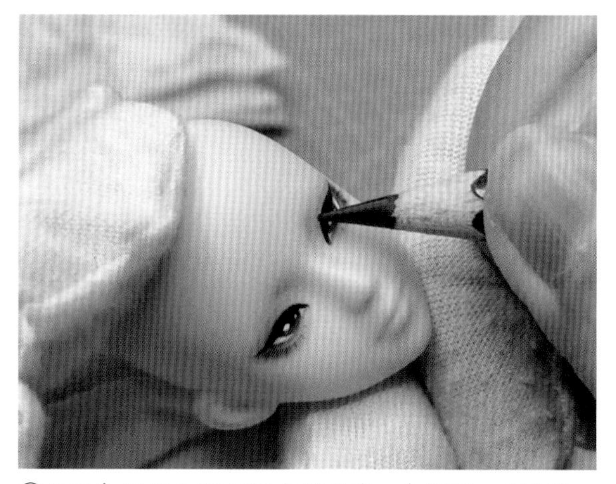

㉚用黑色彩铅加深双眼皮褶皱线，中间深，两边浅。

㉛蘸取黑色色粉涂抹双眼皮的眼角部分，慢慢地向内眼角晕染。

㉜晕染完成效果。

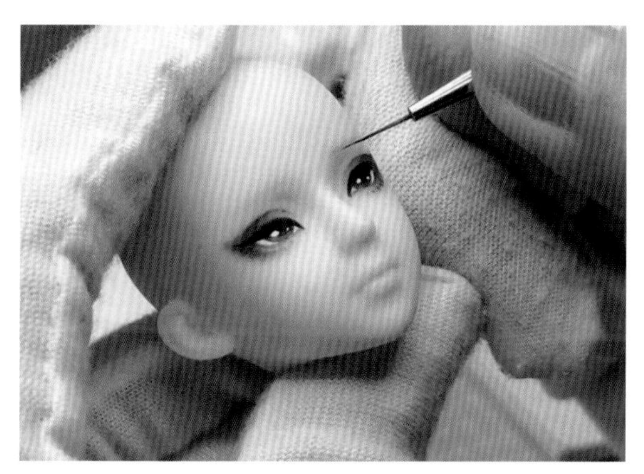

㉝用相笔蘸取咖色丙烯颜料画眉毛，一根一根慢慢地画。

㉞先淡画出眉毛的基本形态和位置。

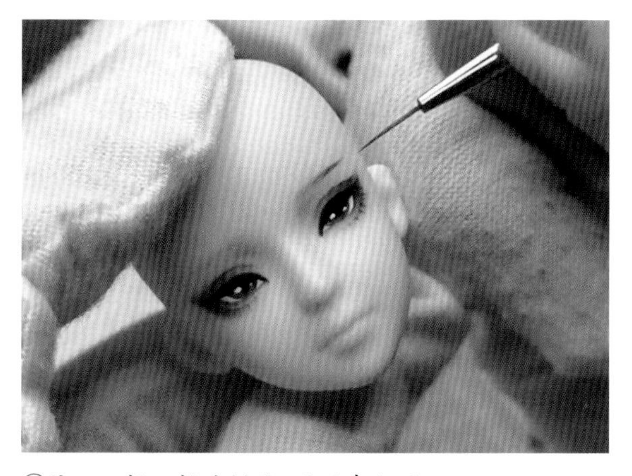

㉟依旧一根一根地描绘，再逐步加深。

㊱两边眉毛完成后的效果。

㊲添加鼻影。用中号色粉刷，蘸取红色和咖色色粉，在鼻子山根处轻轻地来回涂抹。

㊳鼻影完成效果。

2.3.4 唇妆绘制

①蘸取红色色粉，沿着娃娃的嘴唇来回涂抹。

②换小号色粉刷蘸取红色色粉调整唇形。

③用红色彩铅慢慢涂抹，细化嘴唇边缘，完善唇形。

④加深双唇的中间线，在上唇的两个唇峰下画两个小三角，整体看起来呈M形，增加嘴唇的立体感。

⑤用美甲拉线笔蘸取咖色丙烯颜料加深中间线和 M 形三角。

⑥唇部完成效果。

⑦用小号色粉刷蘸取咖色色粉加深唇下的凹陷部分，画一个小弧形，加强面部的立体感。

⑧用大号色粉刷蘸取红色色粉，由外向内，涂抹腮红，要少量多次，这样可以很好地把握腮红的浓度。

⑨唇妆完成效果。

2.3.5 收尾工作

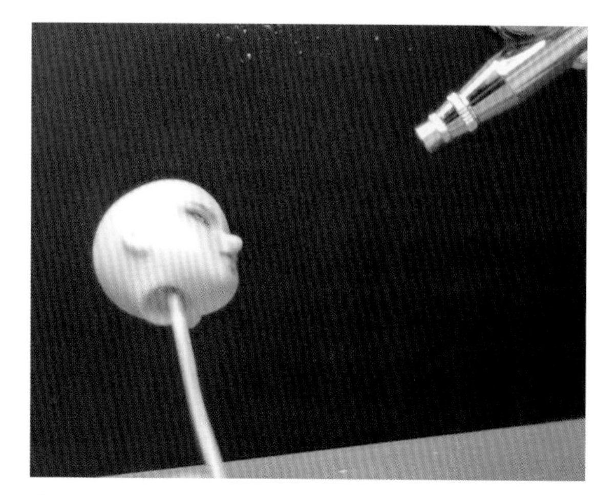

①用消光或者媒介定妆，等待晾干。

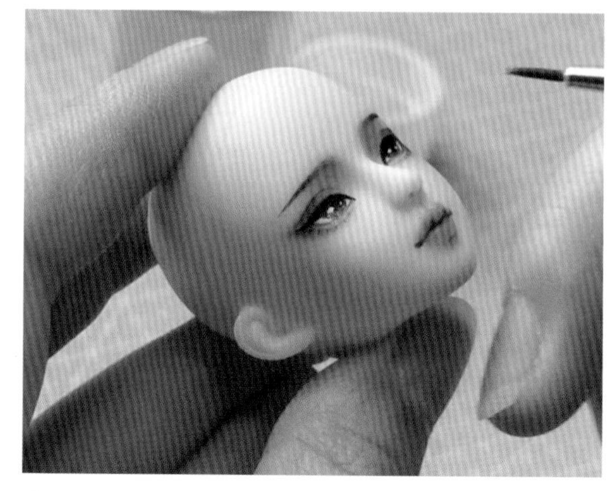

②眼珠的亮部涂上少许金色闪粉，增加眼部光彩。

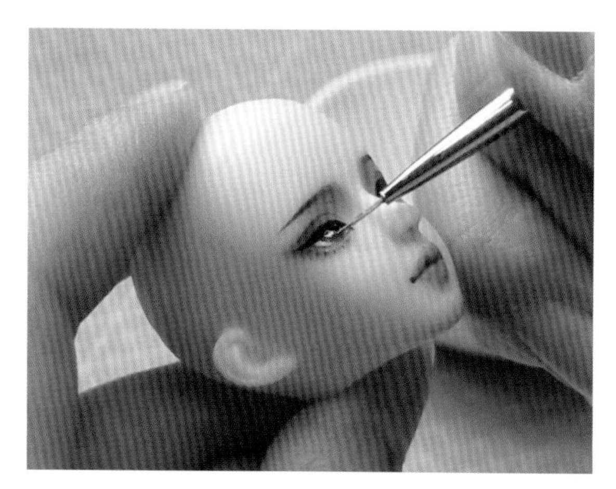

③用光油提亮眼部。

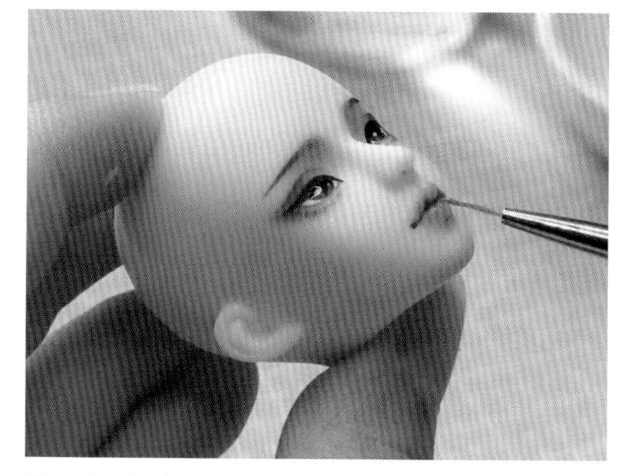

④用光油提亮唇部。

⑤一个妩媚动人的半眠眼妆容就完成啦！

2.4 开眼妆容的绘制

2.4.1 开眼妆容的特点

● 什么是开眼

开眼是指整个眼睛完全睁开的状态。

● 开眼妆容适用的风格

开眼妆适合的造型很多，可爱、妩媚等风格都很适用。但是开眼妆的难度也比之前的两类妆容难度大，新手推荐有眼眶的款式，这样更容易上手。

● 娃娃品牌：可儿娃娃

● 娃娃款式：可儿

2.4.2 化妆前的准备工作

①喷消光或者用海绵扑蘸取媒介打底。

②用刷子蘸取少量白色色粉，刷到娃娃脸上，要少量多次。

2.4.3 眼妆绘制

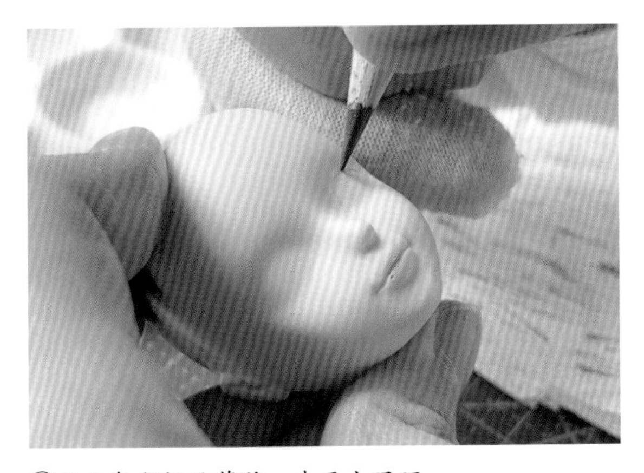

①用咖色彩铅画草稿，先画上眼眶。

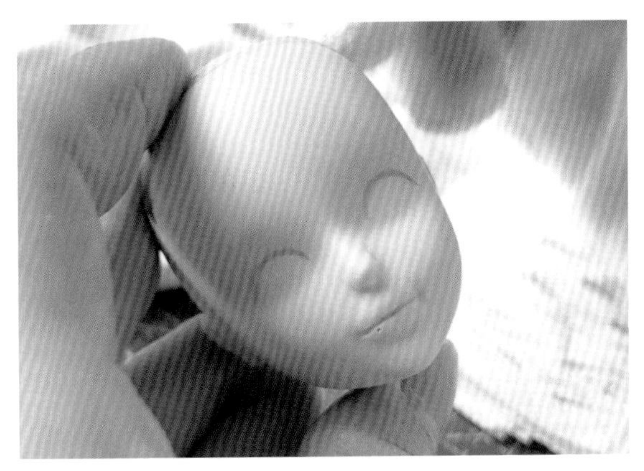

②上眼眶呈较大的弧形，眼尾下垂，因为我们将要画一个大眼睛的可爱女孩。

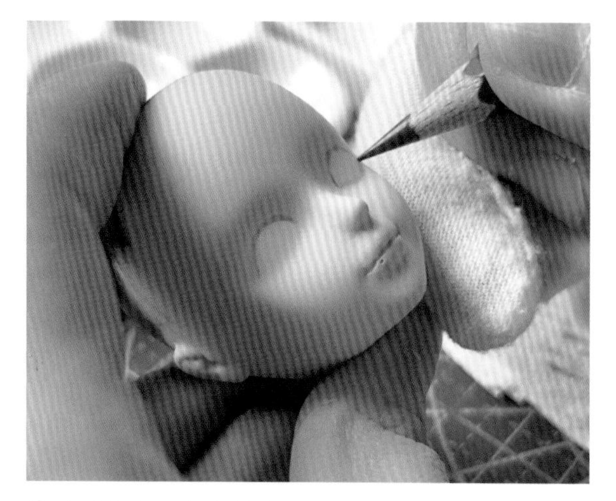

③画下眼睑，由内到外。

④眼型类似杏仁状，眼尾稍微下垂。

⑤另一边用同样的画法。

⑥画眼珠，眼珠可以画完整的一个圆，或者和图中一样，画四分之三，遮住顶端的一小部分。

⑦沿着眼型画出双眼皮。

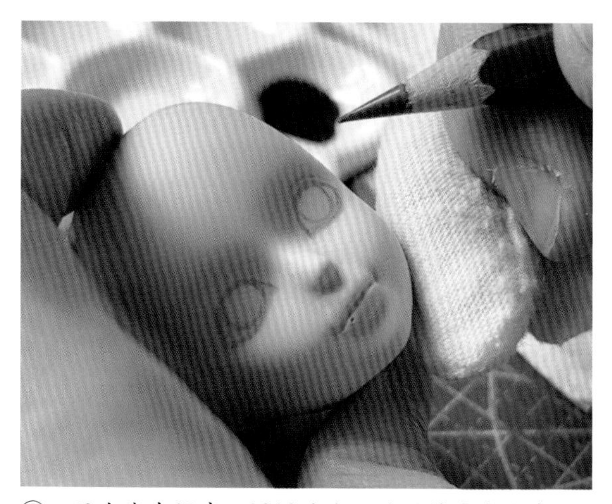

⑧双眼皮线中间窄，慢慢地向两边延伸出去变宽。

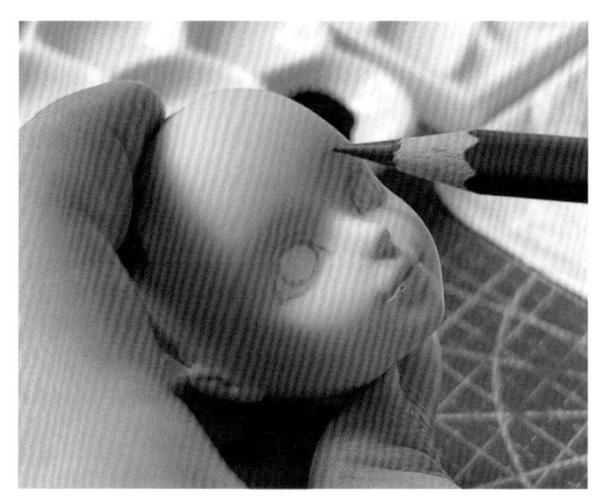

⑨确定眉毛的位置以及大概的眉型。下笔轻一些，以便之后修改。

⑩勾勒一下双唇之间的线和唇型。

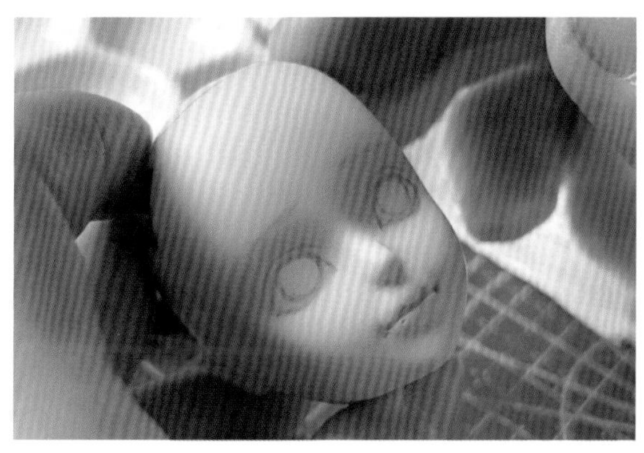

⑪现在草稿完成啦，下面开始用丙烯颜料来细化加深。

⑫用面相笔蘸取黑色丙烯颜料由内向外描画眼线，要慢慢地画。

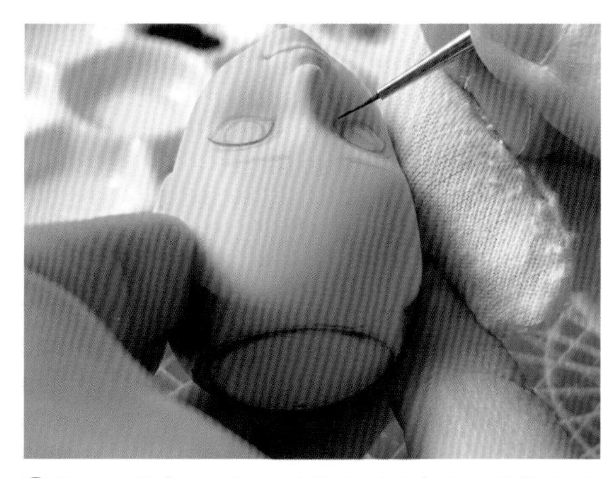

⑬另一只眼睛可以把娃娃的头倒过来画，寻找自己顺手的方法，以达到最佳效果。

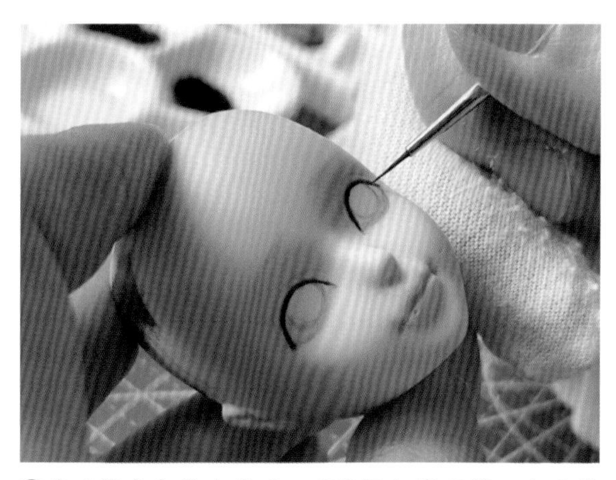

⑭基础线条勾勒完成后，再慢慢加宽眼线。内眼角细而尖，眼尾加宽。

⑮眼线完成效果。

⑯用面相笔蘸取浅咖色填充眼珠。

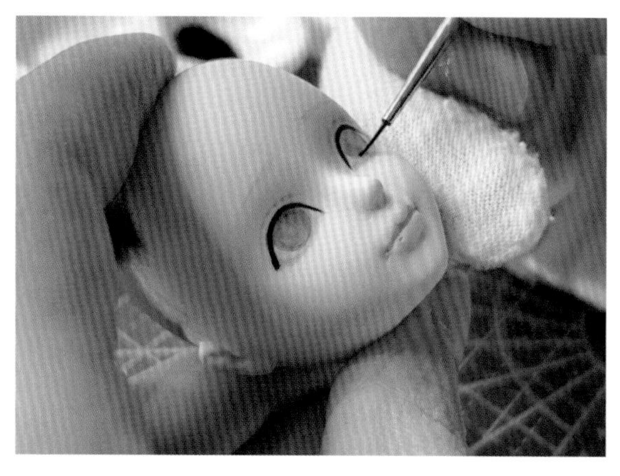

⑰稀释丙烯颜料的时候多加一点水，使颜色变浅，逐层加深，可以很好地控制颜色浓度。

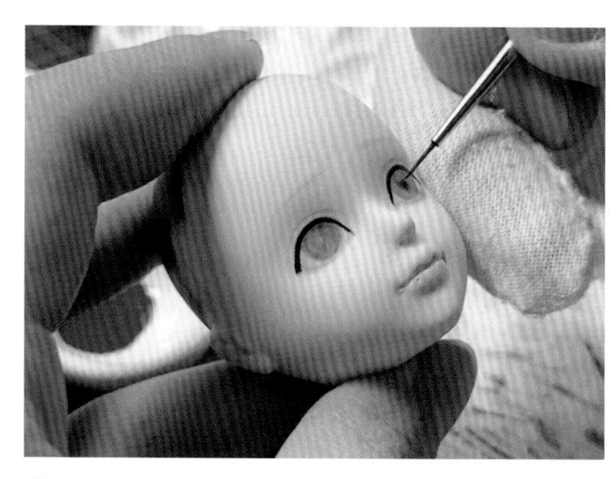

⑱蘸取黑色丙烯颜料，在眼珠中间画瞳孔。

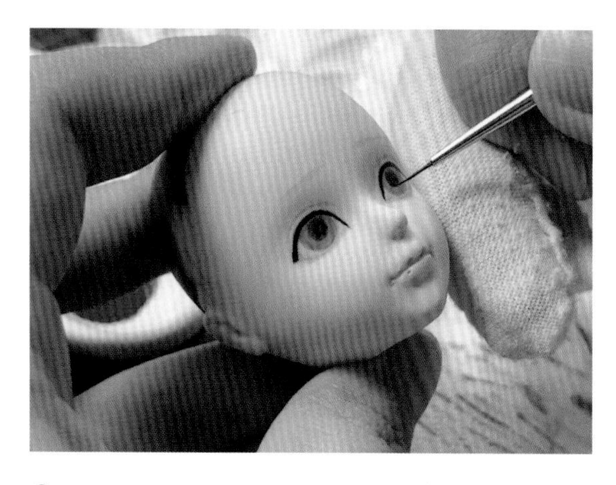

⑲一开始画小一点，之后再慢慢添加，扩大范围。

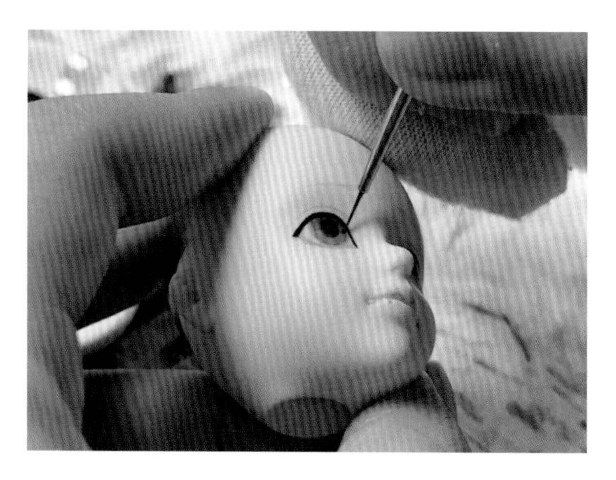

⑳蘸取深咖色，从上到下晕染眼珠。

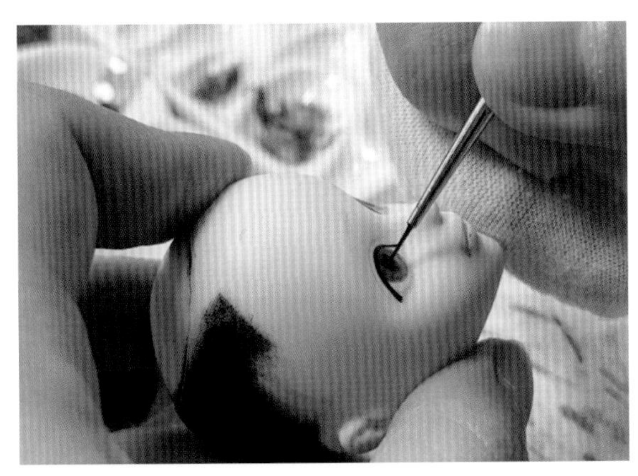

㉑靠近上眼睑的部分多叠加几层颜色，靠下的部分少些叠加，就可以晕染出渐变的效果。

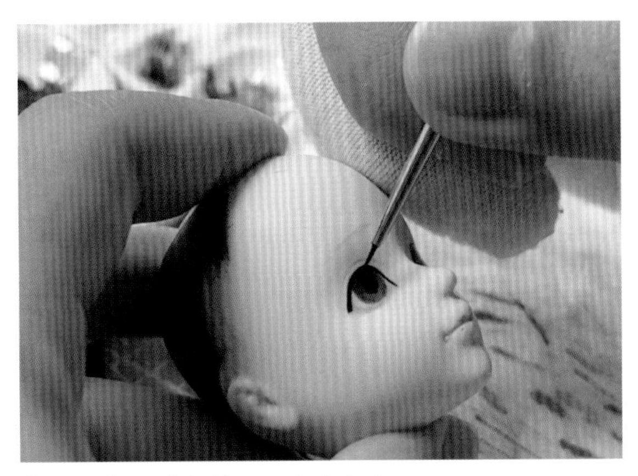

㉒用黑色丙烯颜料加深上半部分。

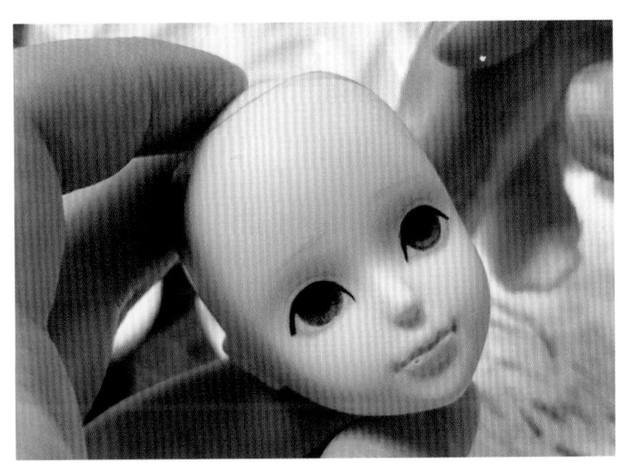

㉓眼珠完成效果。

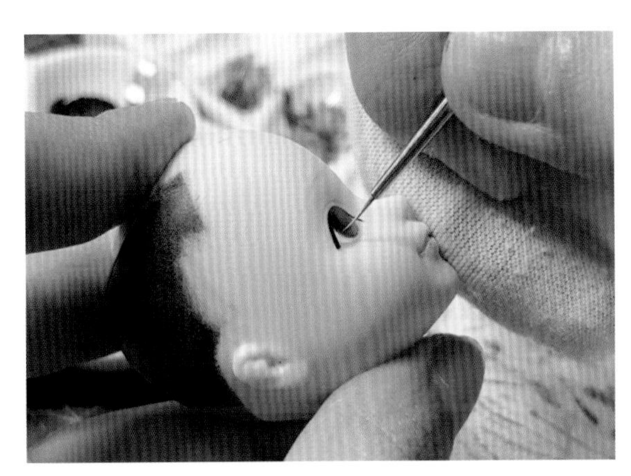

㉔蘸取白色丙烯颜料填充眼白。眼白部分较小，少量多次填充效果会更好。

㉕眼白填充完成效果。

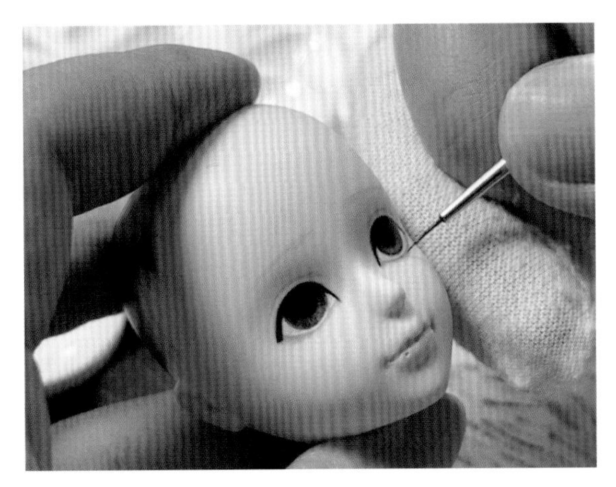

㉖将红色和浅咖色丙烯颜料混合，以得到土红色，用美甲拉线笔描绘下眼睑和内眼角。

㉗下眼睑和内眼角完成效果。

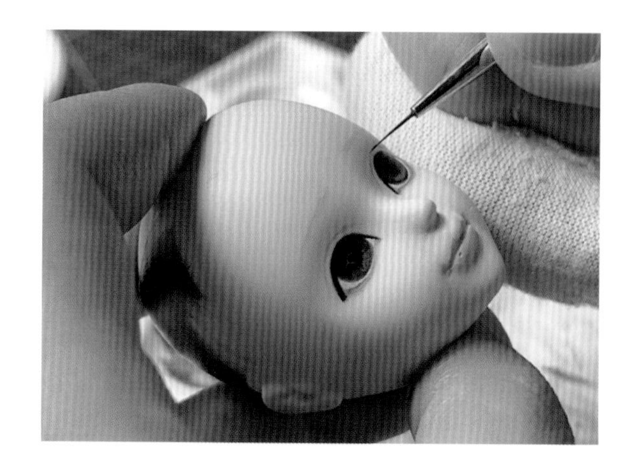

㉘用美甲拉线笔蘸取深咖色丙烯颜料，加深双眼皮线的中间部分。

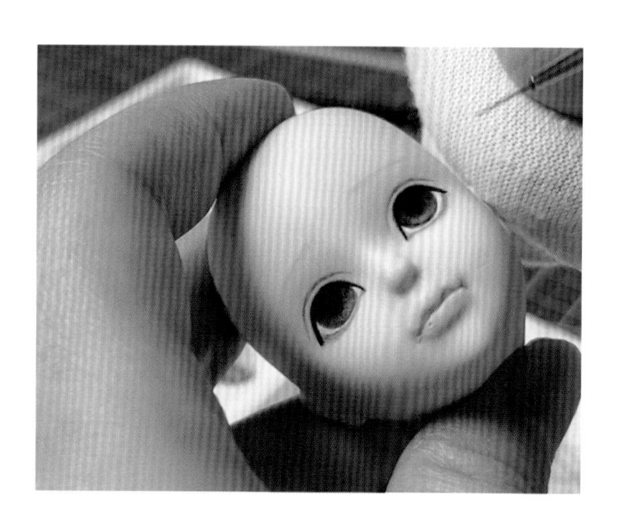

㉙中间深两头浅，这样比较有立体感。

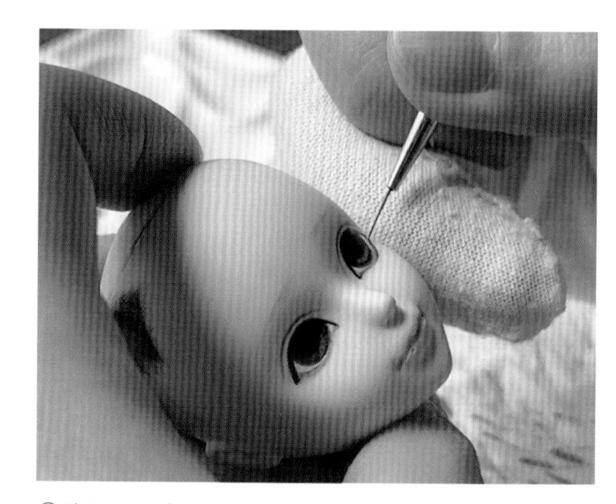

㉚蘸取深咖色丙烯颜料，描画眼尾部分。

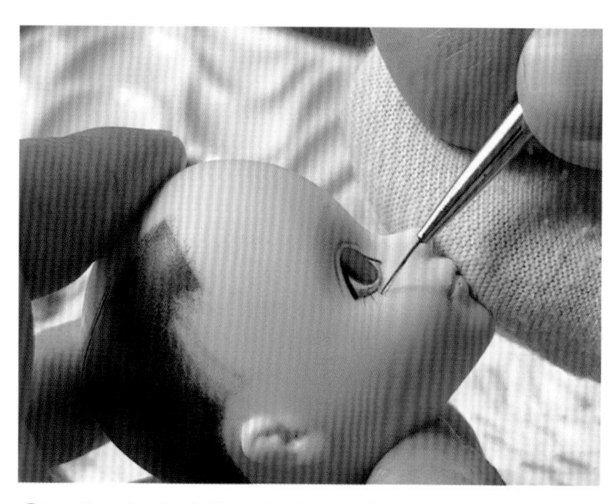

㉛用美甲拉线笔蘸取少量浅咖色丙烯颜料，由外向内画睫毛。

㉜睫毛完成效果。

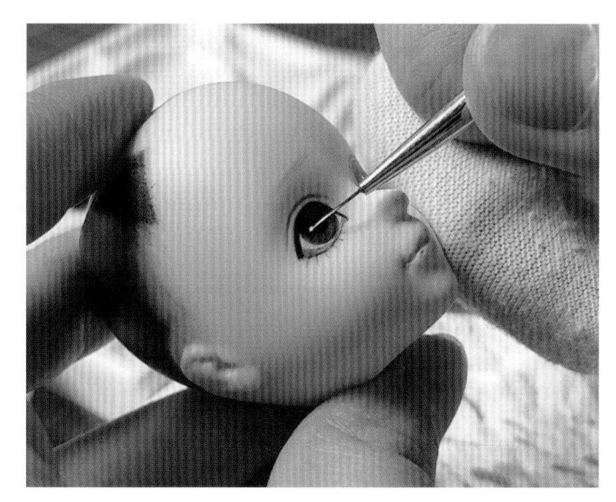

㉝蘸取白色丙烯颜料，点高光，可以蘸取未稀释的丙烯颜料，浓度高，遮盖效果会更好。

㉞用高光点两个地方，眼珠上面点大高光，下面点小高光。

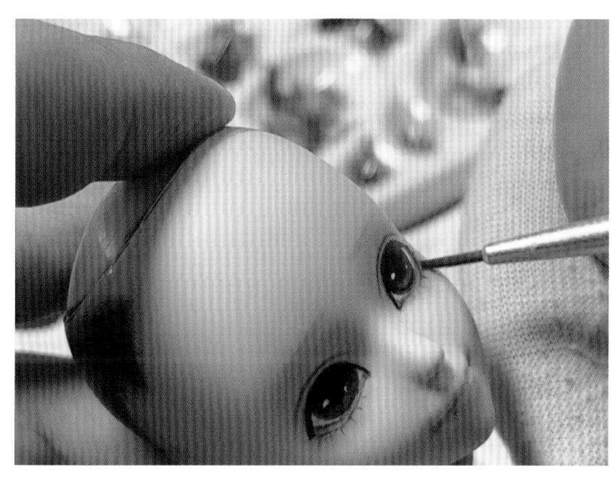

㉟用小号色粉刷蘸取红色色粉来回涂抹下眼睑。

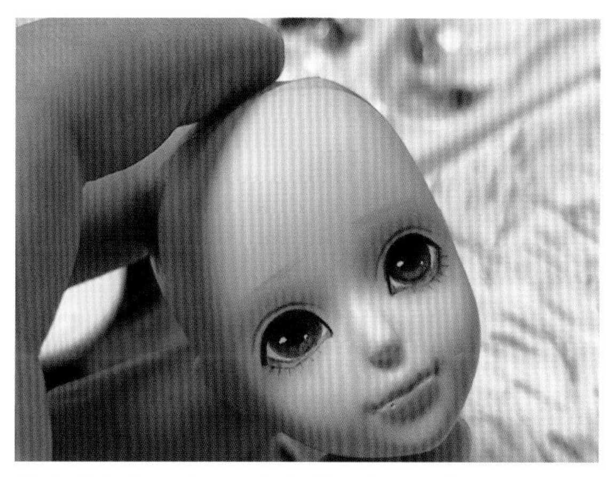

㊱涂抹完成效果。因为打算画少女形象，妆面要可爱清透，所以不用黑色加深，以免使妆面过于浓重。

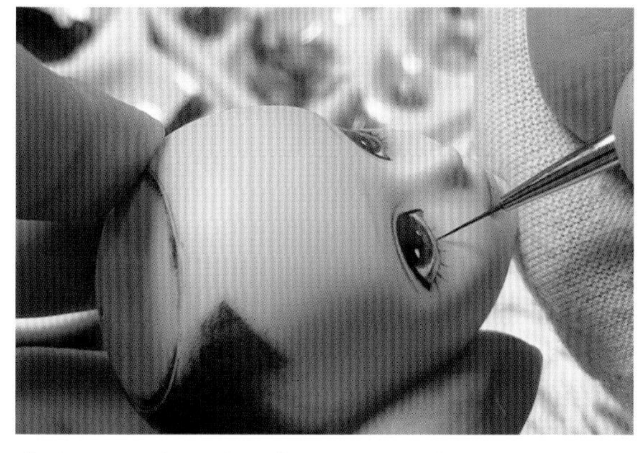

㊲蘸取深咖色丙烯颜料加深睫毛颜色。

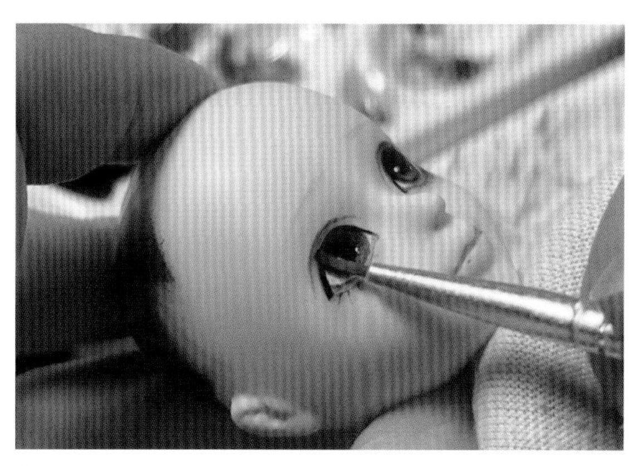

㊳用小号色粉刷蘸取深咖色和黑色色粉晕染双眼皮褶皱的中间部分。

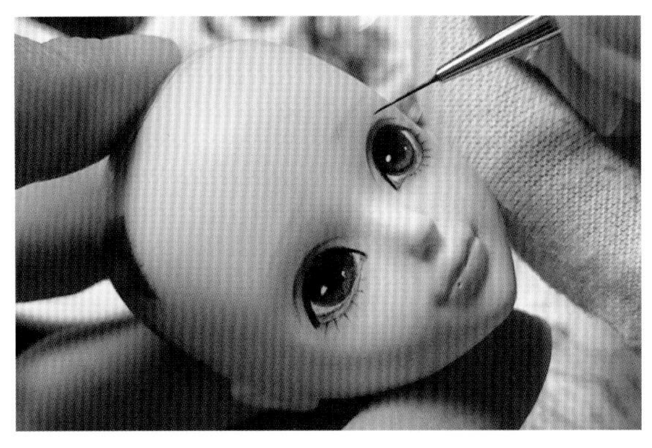

㊴用美甲拉线笔蘸取浅咖色丙烯颜料，从鼻子山根上面开始画眉毛。

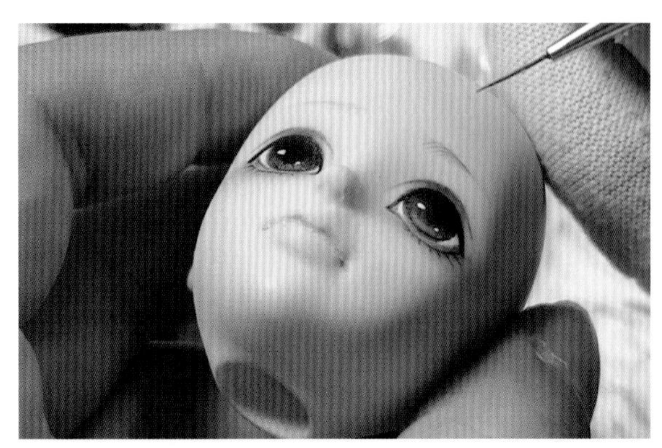

㊵眉毛呈 45° 倾斜，上部连成一条线，下部根根分明，这一步需要缓慢地画。大家最好勤加练习。

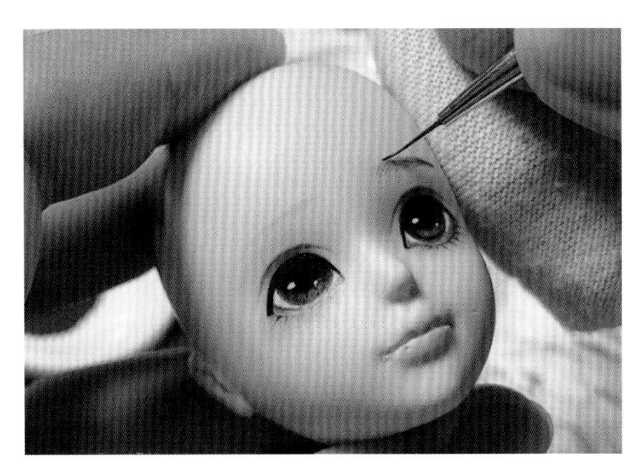

㊶由上至下，在眉毛上部画出另一层眉毛。

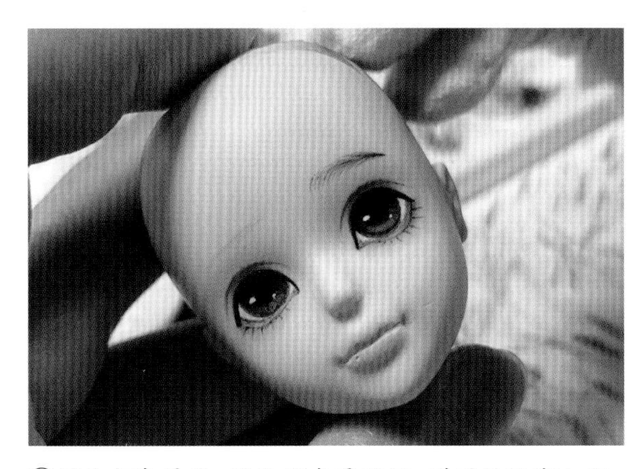

㊷眉头颜色最淡，眉毛形态最明显，到眉尾逐渐加深。

2.4.4　唇妆绘制

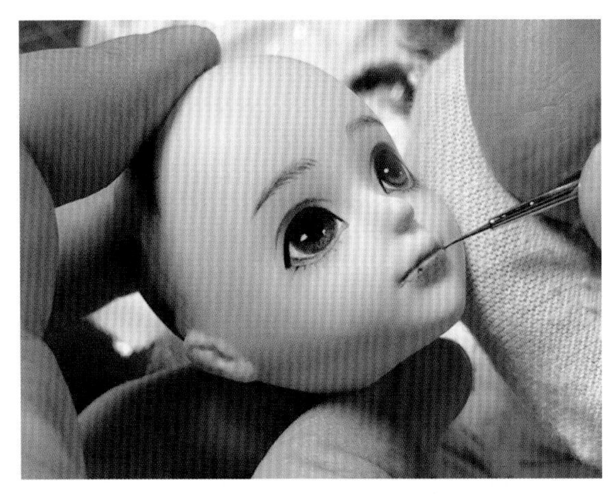

①用美甲拉线笔蘸取红色丙烯颜料薄涂嘴唇，画出唇型，丙烯颜料可加水稀释，能更好地达到薄涂的效果。

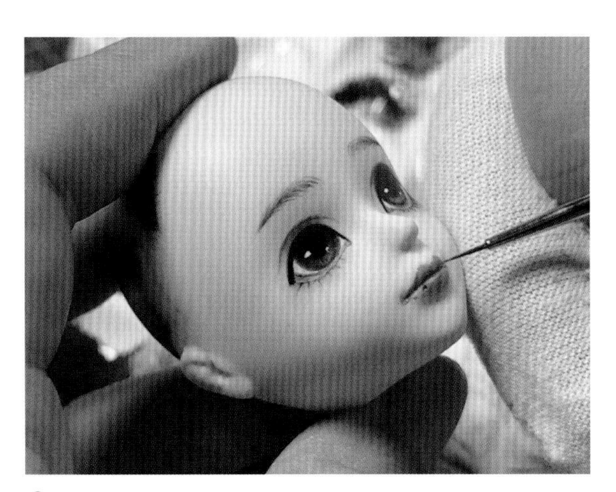

②画出唇型之后，少量多次进行逐层加深。

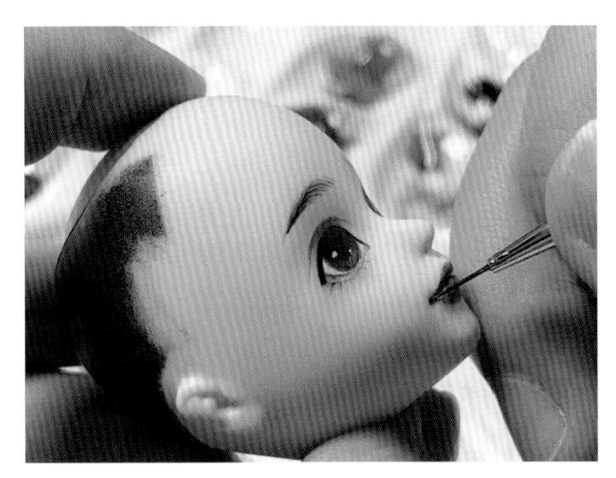

③蘸取深咖色丙烯颜料，加深双唇之间的线和嘴角。

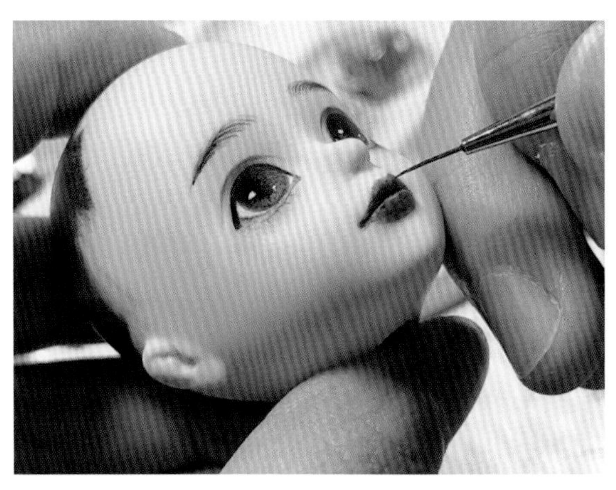

④在上唇的两个唇峰下画两个小三角，整体看起来呈 M 形，增加嘴唇的立体感。

⑤唇妆完成效果。

2.4.5 收尾工作

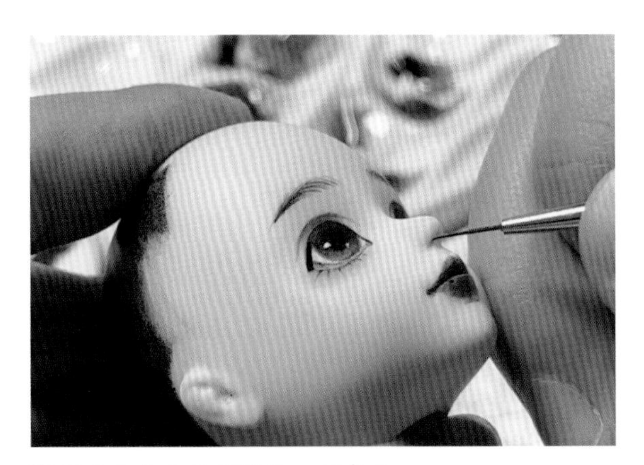

①用浅咖色丙烯颜料画一下鼻孔。

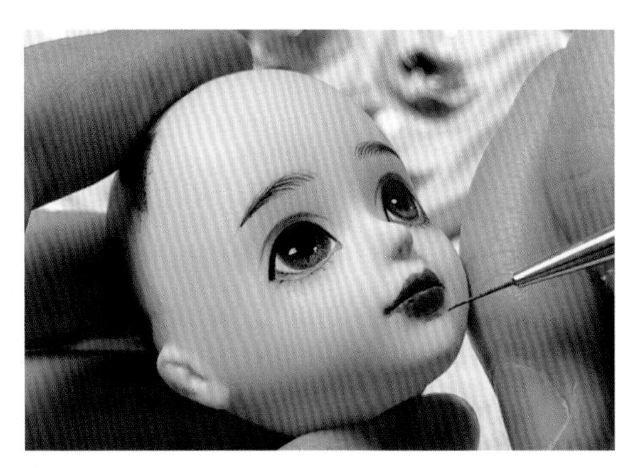

②同样地，画一画嘴唇和下巴的接线，加强整体五官的立体感。

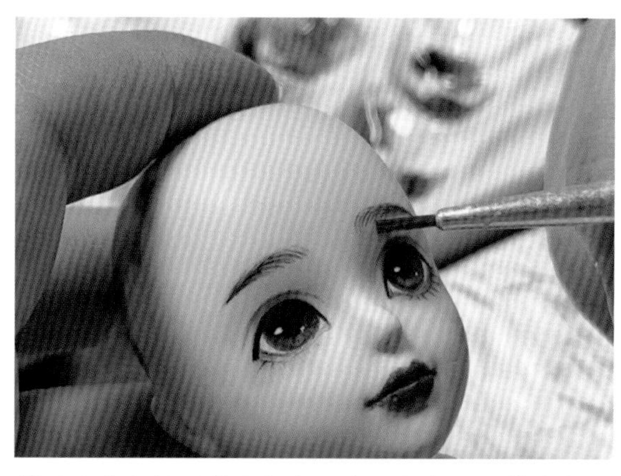

③用小号色粉刷蘸取红色和浅咖色色粉，薄涂鼻子的山根部位。

④靠近眉毛的部分颜色较深，然后慢慢往下晕染。

⑤用中号色粉刷蘸取红色色粉，轻轻涂抹腮红，少量多次，以免一次涂太多不好调整。

⑥用同样的方法涂抹下巴部分，营造充满少女感的好气色。

⑦妆面完成效果。

⑧用尖头棉签蘸取金色闪粉轻轻涂抹在眼珠浅色部分。

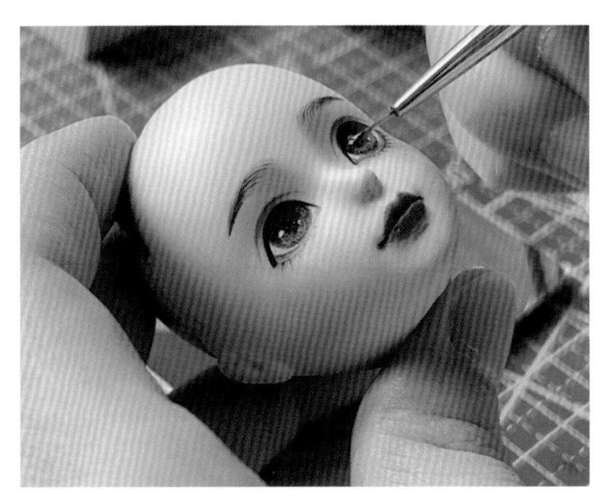

⑨给眼部上光油，多蘸取一些，用“点上去”的方式可避免闪粉掉落。

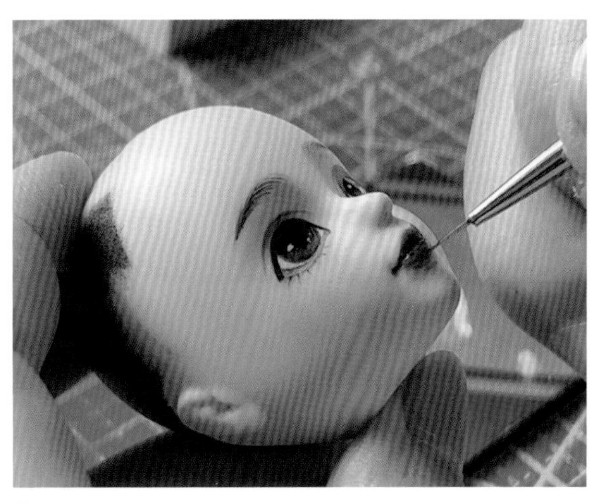

⑩唇部上光油。

⑪一个可爱的、充满少女感的开眼妆就完成啦。

第3章

如何给娃娃制作发型

在绘制完妆面之后，我们就可以来给娃娃制作相配的发型，本章小兔会教大家制作基础发型，学会基础发型的方法，就可以举一反三，手工制作自己喜欢的发型了。

3.1 制作发型的工具和材料

3.1.1 发型制作方法的种类

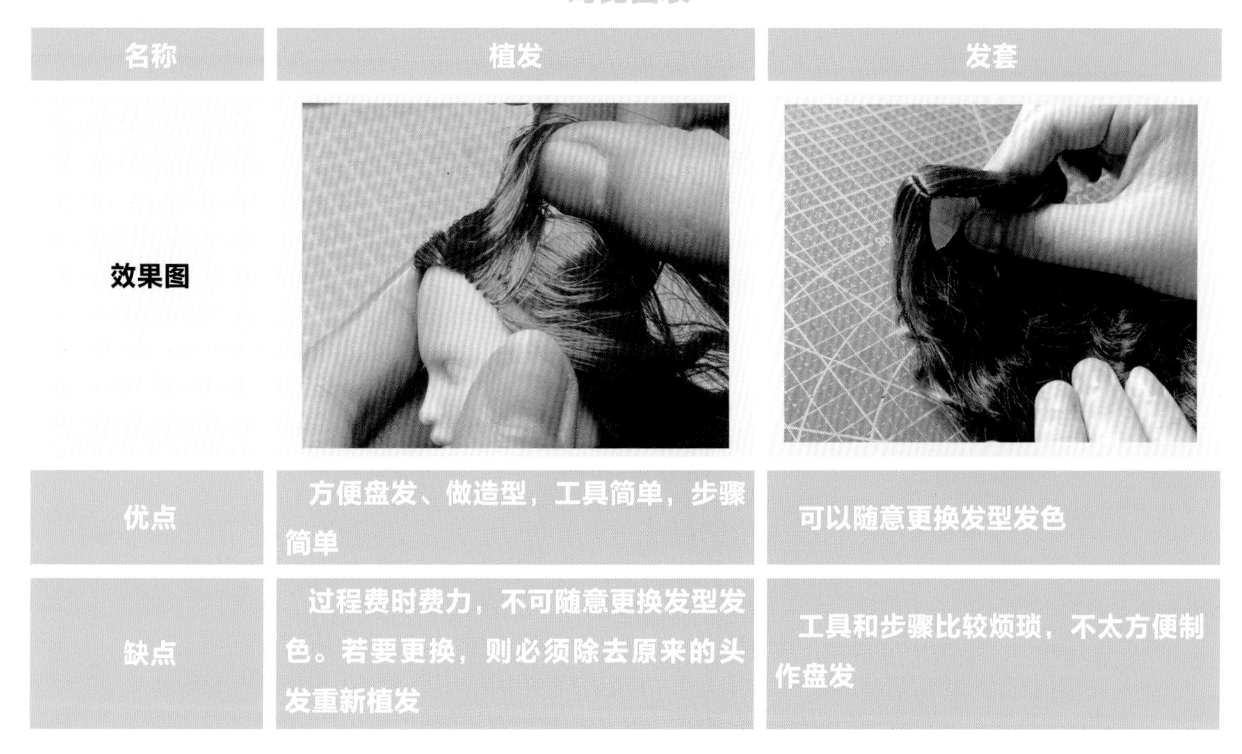

对比图表

名称	植发	发套
效果图		
优点	方便盘发、做造型，工具简单，步骤简单	可以随意更换发型发色
缺点	过程费时费力，不可随意更换发型发色。若要更换，则必须除去原来的头发重新植发	工具和步骤比较烦琐，不太方便制作盘发

3.1.2 植发

什么是植发

植发是指将假发束用植发针植到娃娃头上。

植发需要的工具

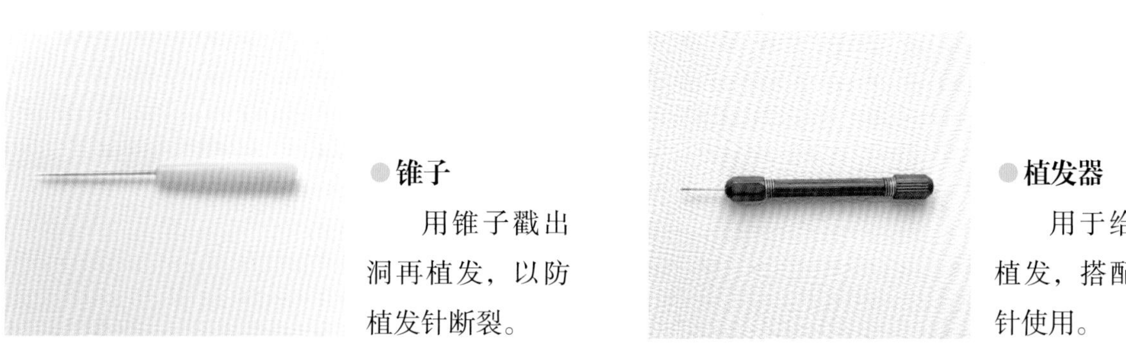

锥子

用锥子戳出洞再植发，以防植发针断裂。

植发器

用于给娃娃植发，搭配植发针使用。

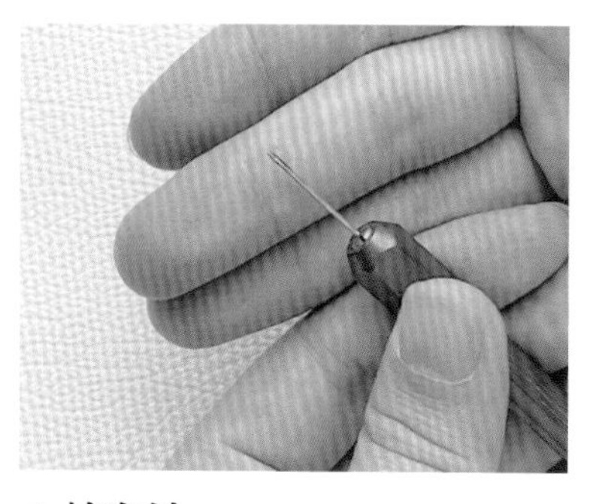

● 植发针

植发针使用时间久了会断裂，店家一般会搭配替换针一起售卖，断裂后更换即可。

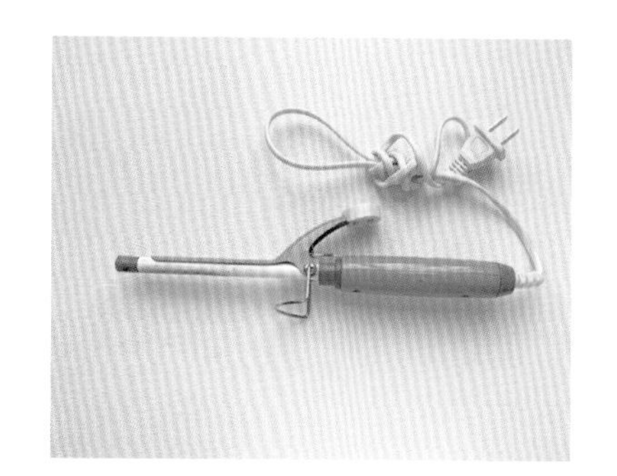

● 小号卷发棒

用于给假发塑形。

● 牛奶丝

柔软，光泽度好，可以熨烫做造型。

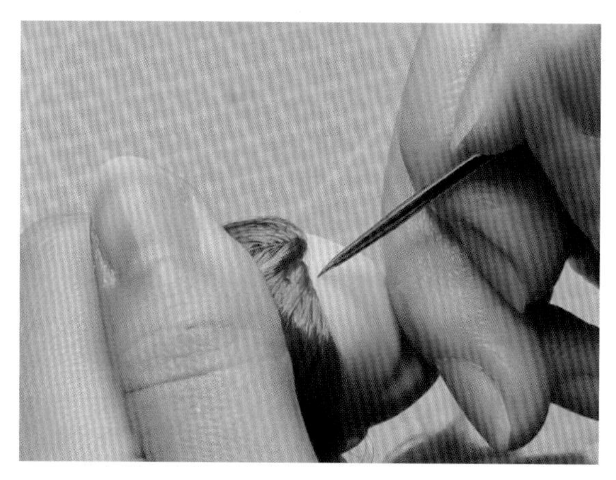

①先在要植发的部分用锥子戳出洞，有些娃娃头较硬，直接植发会导致植发针断裂。

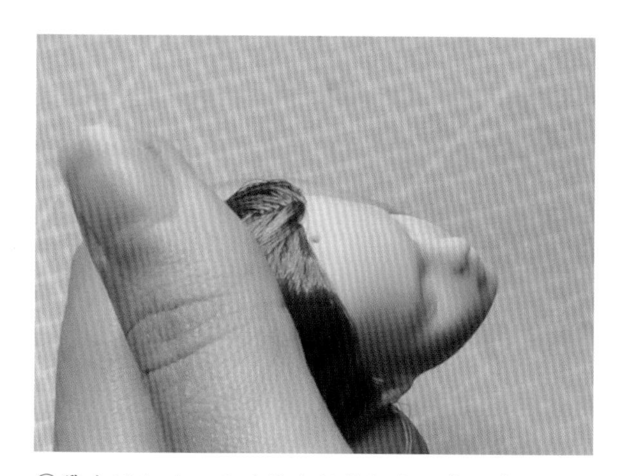

②戳出洞之后，再用植发针将假发一束一束地植入到娃头。

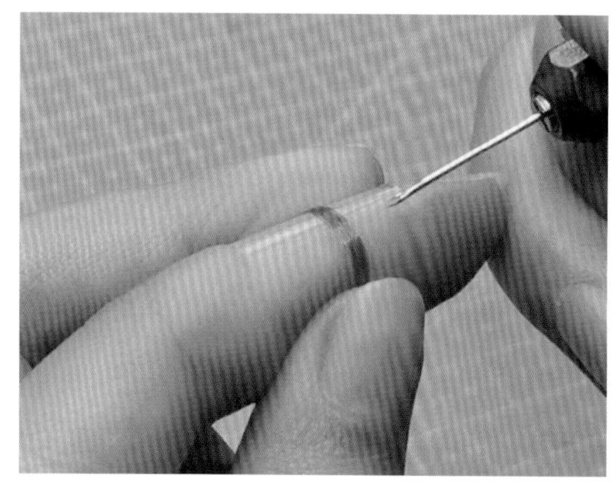

③先在食指裹上透明胶带，再从发排上剪下少量发丝，在食指缠紧。

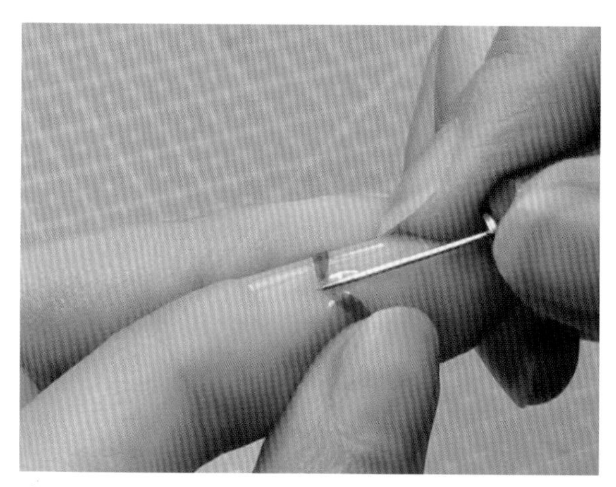

④用植发针把发束完全挑进针的卡口内。

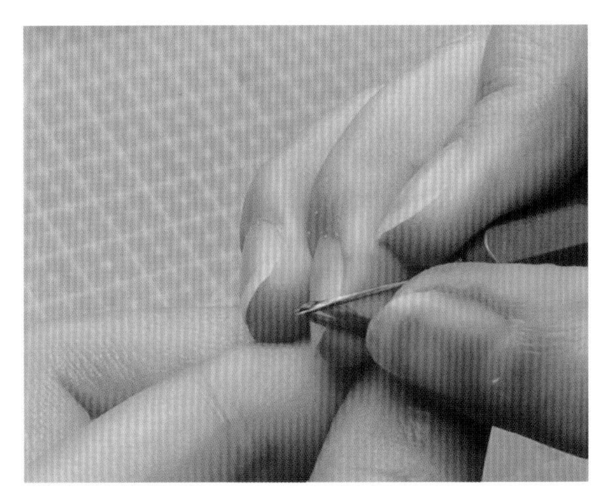

⑤将发束挑起时，（拿针的那只手）用中指和大拇指捏紧后面的发束，以防散落。

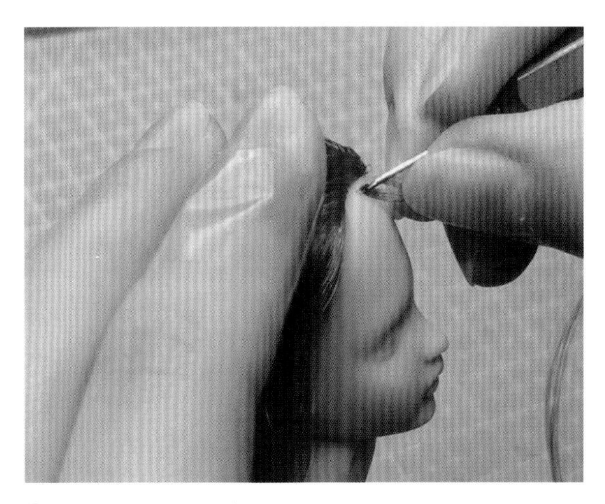

⑥对准发孔，把发束植入。

⑦刚开始植发可以慢一点，以防弄断植发针。

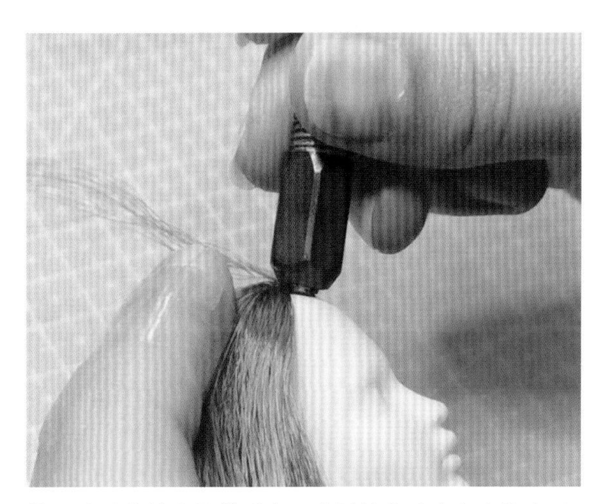

⑧一次性将植发针戳到底，这样植出的头发比较牢固。

⑨将植发针拔出，就植好了发束。

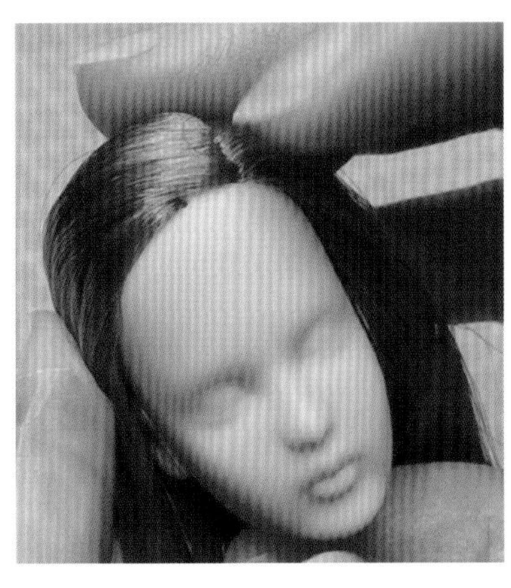

⑩用卷发棒将其烫软，使发丝柔顺。

⑪植好的头发效果。

3.1.3 假发套

什么是假发套

用棉布做出基础发套，然后根据自己想要的发型，把自制的假发片贴到发套上，做成假发套。

制作假发套需要的工具

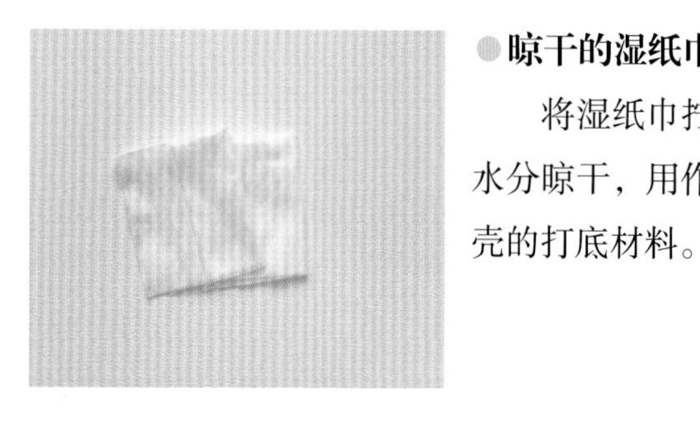

晾干的湿纸巾

将湿纸巾拧掉水分晾干，用作头壳的打底材料。

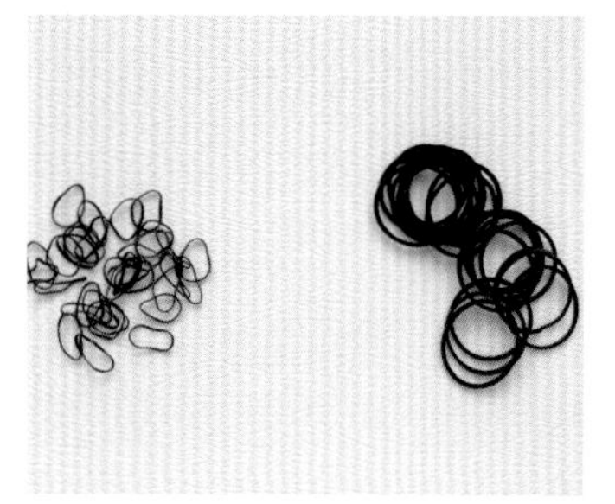

橡皮筋

用于固定保鲜膜和湿纸巾。

笔刷

用于涂刷白乳胶，普通画笔即可。

Aleene 美工白乳胶

用于制作和粘贴假发片，干得快，干后透明无发白现象。

保鲜膜

在制作发套过程中用于保护头模。

白乳胶

涂刷在湿纸巾表面，干燥后可以形成有硬度的头壳。

霹雳造型胶

用于给头发定型，干后透明无色，若干后有发白现象，蘸水涂抹即可消除。

牛奶丝

柔软，光泽度好，可以熨烫做造型。

● 镊子

用于粘贴假发片，辅助盘发。

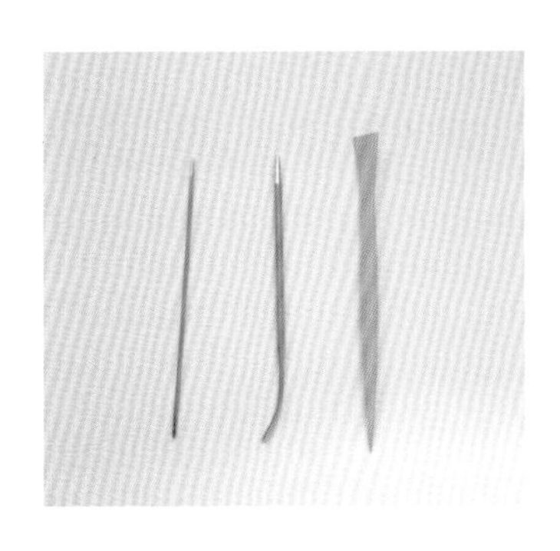

● 棒针

用于涂抹白乳胶和霹雳定型胶。可以是黏土棒针或者毛衣针。

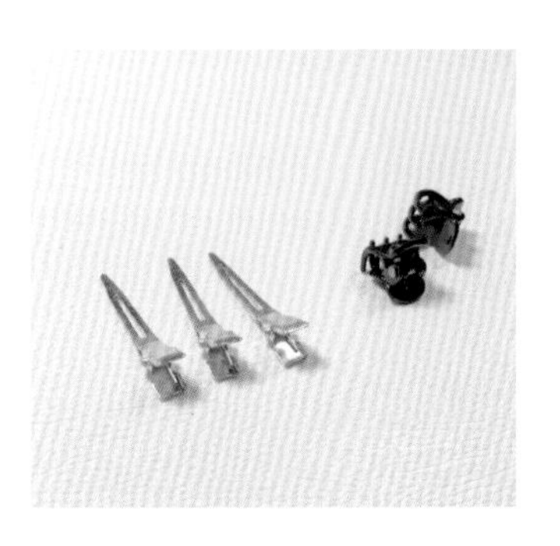

● 迷你夹

（左）鸭嘴夹：盘发时固定造型。

（右）抓夹：制作假发套时固定假发。

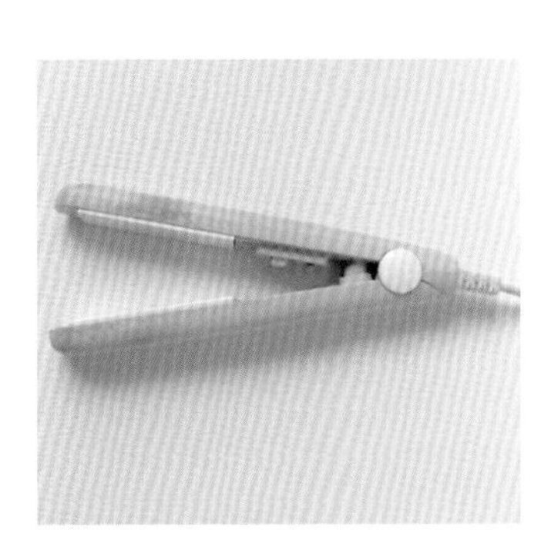

● 小号夹板

用于做发排时拉直头发。

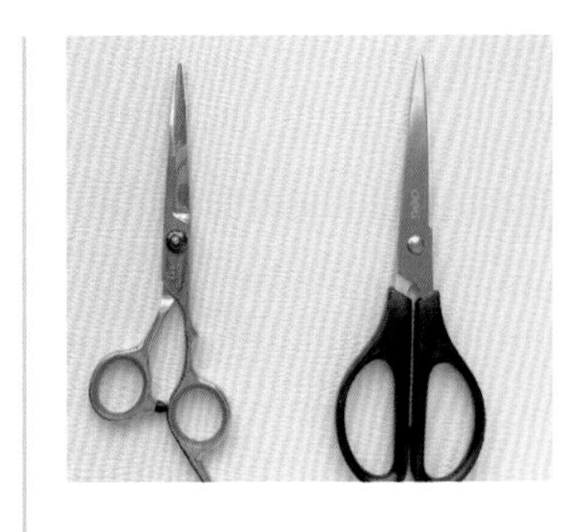

● 剪刀

（左）美发剪刀：美发专用剪刀，剪发时不会打滑，用于修剪头发。

（右）普通剪刀：修剪发片和头壳。

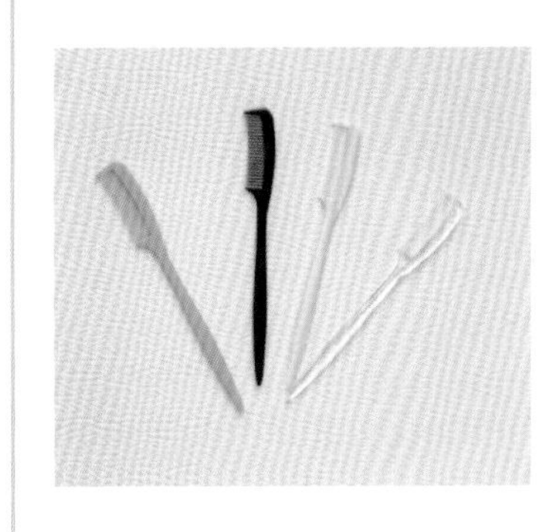

● 迷你梳子

用于梳理假发，辅助制作发型。

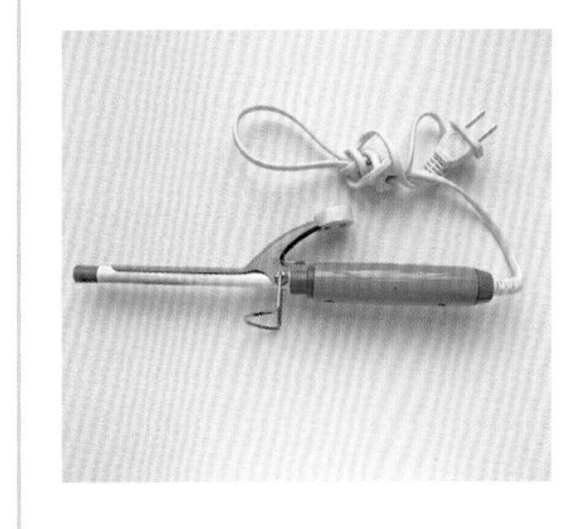

● 小号卷发棒

用于给假发塑形。

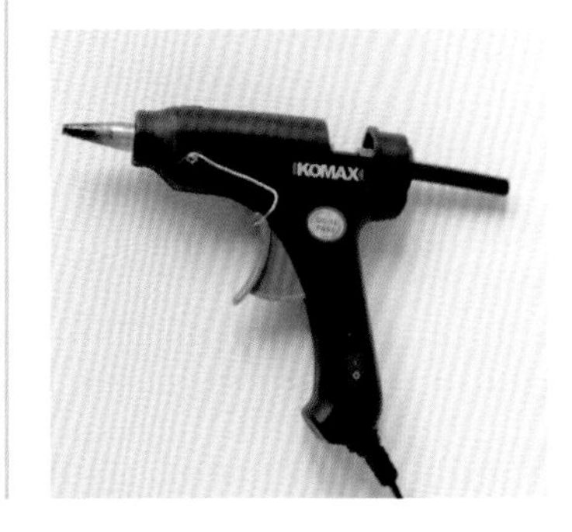

● 热熔胶棒和热熔胶枪

用于粘贴比较厚重的发辫和饰品。

做假发套之前的准备工作

（1）头壳的制作

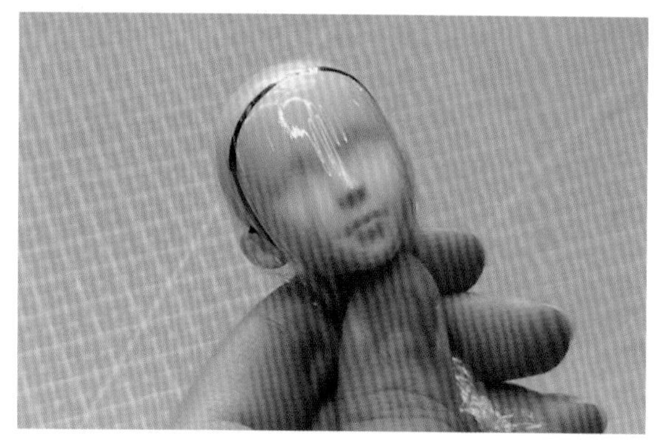

①将头模蒙上一层保鲜膜，用橡皮筋扎紧，有多余头模的话可以画一下发际线的位置，方便之后裁剪。

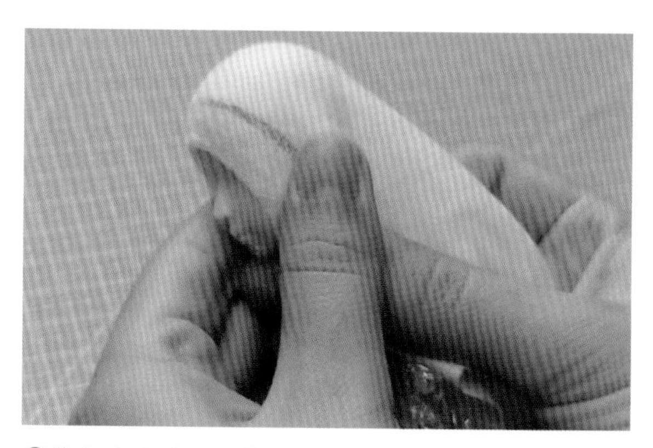

②蒙上晾干的湿纸巾，尽量拉扯平整，减少褶皱。

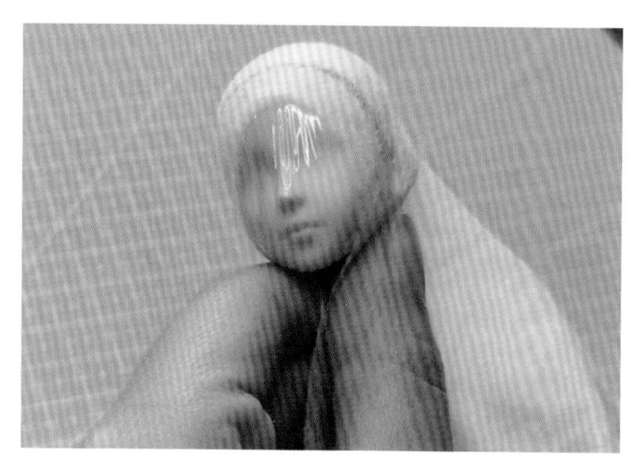

③正面不用蒙住整个脸，到发际线以下即可。

④用笔刷蘸取白乳胶，做头壳需要大量的白乳胶，可以将白乳胶倒入一个容器内，从而方便取用。

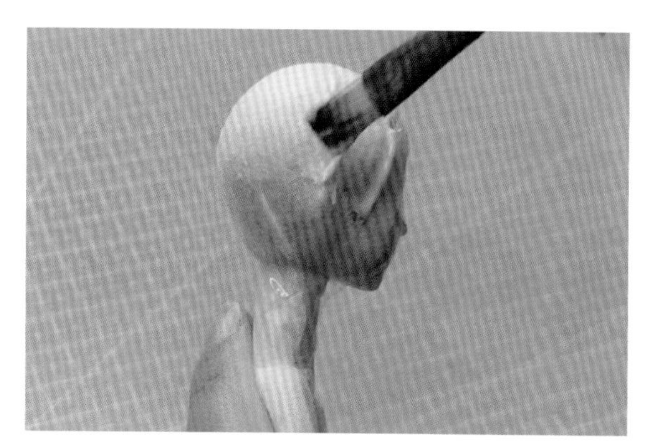

⑤将纸巾的部分全部涂满白乳胶，晾干之后再次涂刷，重复3~4遍。

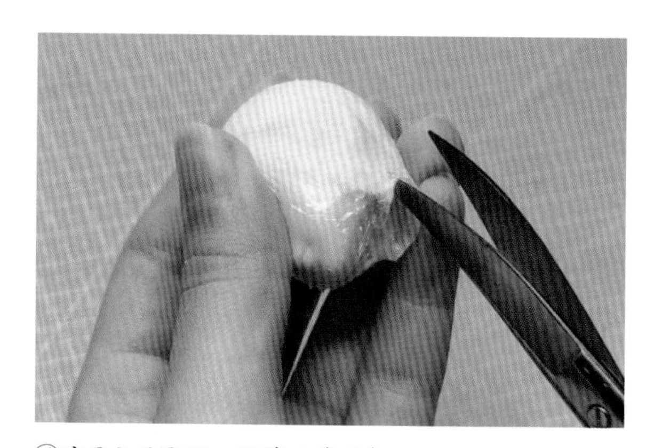

⑥晾干之后取下，用剪刀剪下来。

⑦将保鲜膜撕下，内部是光滑的。

⑧做好的头壳效果。

（2）发排的制作

①拿出准备好的 Aleene 美工白乳胶。

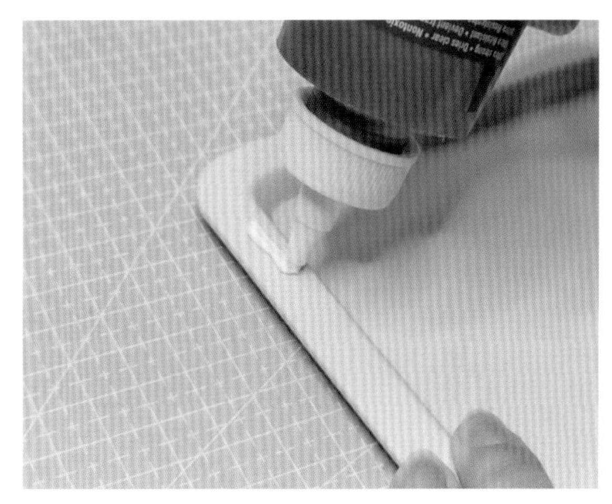

②挤出适量白乳胶在板子上，板子可以是表面光滑防水的任何平面板块。

③用笔刷将白乳胶涂抹平整。

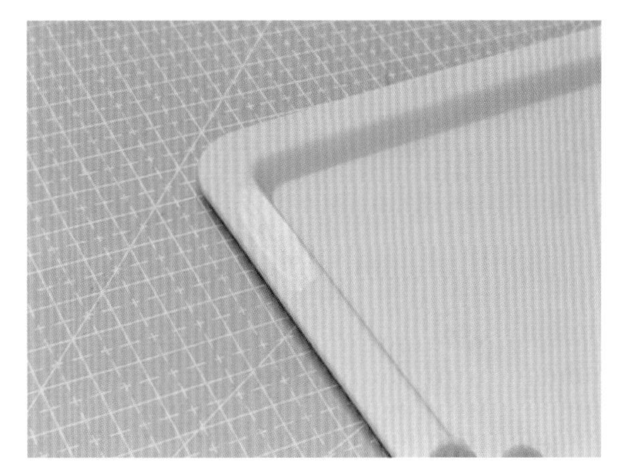

④涂抹好的乳胶效果。

⑤剪下适量的牛奶丝，不要剪得太多，量多会导致胶水涂刷不透彻，使用时发排散落。

⑥把剪下的牛奶丝放到涂刷好的白乳胶上。

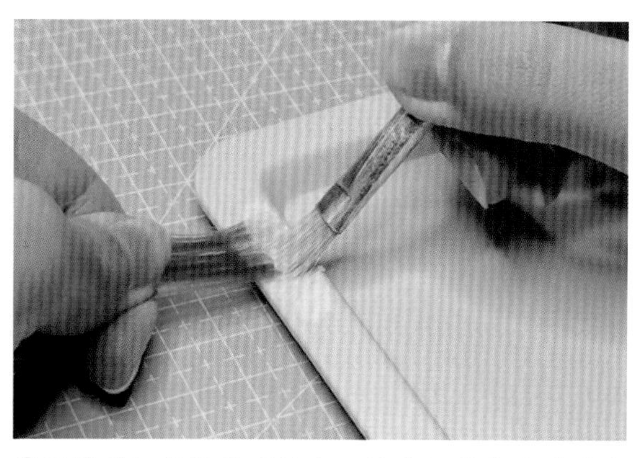

⑦用笔刷把乳胶涂刷均匀，使牛奶丝完全浸透白乳胶。

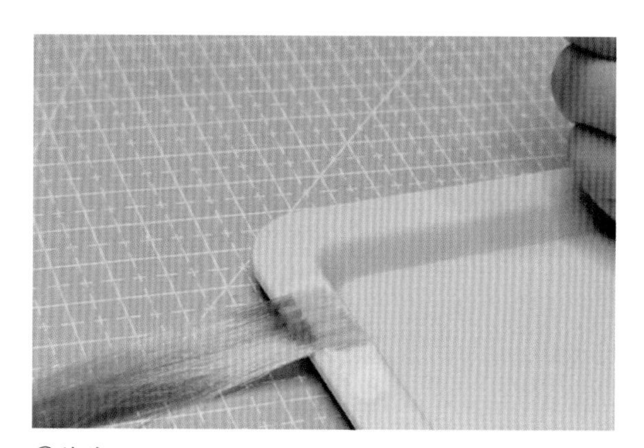

⑧等待干透，就可以撕下来使用啦。

（3）假发套的制作

因为本书所有配图和案例使用的都是发套，所以这里只是简单地介绍大概步骤，让读者朋友先了解，后面的发型案例会具体教大家怎么制作。

①做好的发壳用铅笔画出发片分区。

②粘贴做好的发片。

③用卷发棒熨烫平整，使其柔顺。

④发套完成效果。

3.2 披发发型的制作

①用保鲜膜把头模包裹起来，以防刮花妆面。

②用橡皮筋把保鲜膜扎紧，固定好。

③在头壳上用铅笔画出分发线。

④顺着分发线，横向涂抹上 Aleene 美工白乳胶。

⑤从耳朵平行线处开始逐片粘贴发片。因为披发发型不露出脖子，所以只需从耳朵位置开始粘贴，以免粘贴过多发片，导致发型太过蓬松。

⑥粘贴完一圈。

⑦开始粘贴第二层发片。

⑧后脑勺的位置可以粘贴得有点弧度，向上拱起。

⑨第二层发片粘贴完成。

⑩继续顺着分发线粘贴发片。

⑪顺着之前画好的分发线粘贴，要有一定的弧度。

⑫继续朝着头顶的方向粘贴。

⑬两边粘贴完成的效果。

⑭中间剪一块较窄的发片补上。

⑮开始剪一些较窄的发片填补刚才发量较少的地方。

⑯顺着分发线的弧度粘贴，注意头发的走向是往后的。

⑰后发区粘贴完成。

⑱开始粘贴前发区两鬓的发片。

⑲粘贴两鬓时，留出耳朵的位置。

⑳紧贴发壳的边缘粘贴发片。

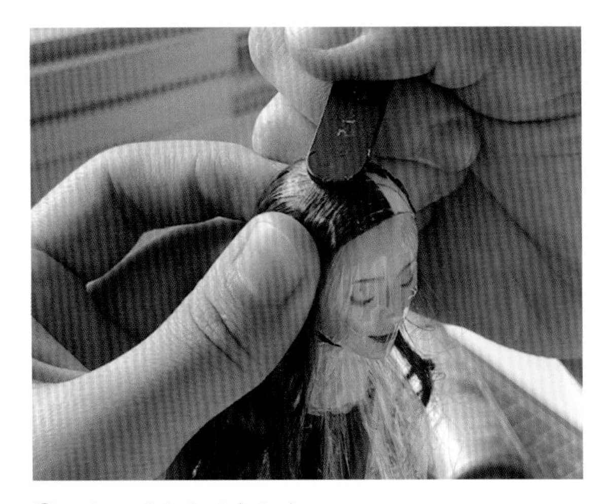

㉑一直贴到头发的中分线。

㉒用卷发棒熨烫一下头顶，让头发柔顺一些。

㉓两边头发粘贴完成的效果。

㉔开始制作中缝的发片，将一片发片涂满白乳胶。

㉕将另一片发片粘贴上去，这样做是要得到一片比较厚和密的发片，以防露胶。

㉖用手捏一捏，使两片发片黏紧。

㉗找一块表面光滑的硬卡纸。

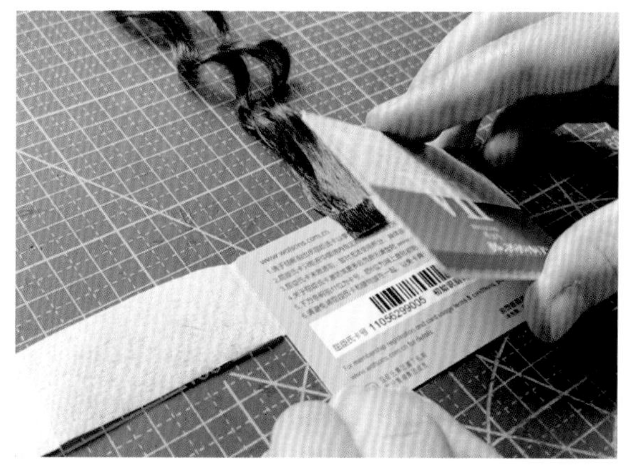

㉘将刚才粘贴好的厚发片用胶带固定到卡纸上，只露出胶水硬边在外面。

㉙把胶水硬边折下来，用手按住。

㉚用夹板熨烫。

㉛用镊子取下，呈折叠状。

㉜贴到假发套的其中一边。

㉝用手指按压一会儿，使假发片充分粘连。

㉞粘贴完成效果。

㉟粘贴另一边。

㊱粘贴完成效果。

㊲因为顶部比较厚，可以用手按压一下，增加牢固性。

3.3 欧式盘发的制作

3.3.1 基础发型制作

①给发套画好分发区。

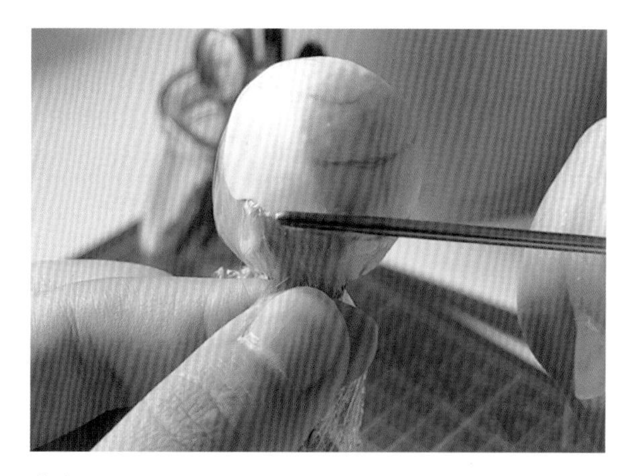

②在耳朵附近涂抹上 Aleene 美工白乳胶 。

③贴满一圈发排。

④从耳后开始粘贴第二层发排。

⑤贴满第二圈发排。

⑥按照分发线开始粘贴第三圈发排。

⑦前排留出一点宽度，用于之后粘贴前排发片。

⑧将第三圈贴满。

⑨开始贴头顶的发片。

⑩前排弧度大，可剪成小段来粘贴。

⑪头顶会贴两层发片，先贴一个底层遮住下层的发片胶水部分。

⑫底层发片粘贴完成。

⑬另一边用同样的方法粘贴。

⑭用卷发棒烫平。

⑮把下层发片用胶水遮住。

⑯底部完成效果。

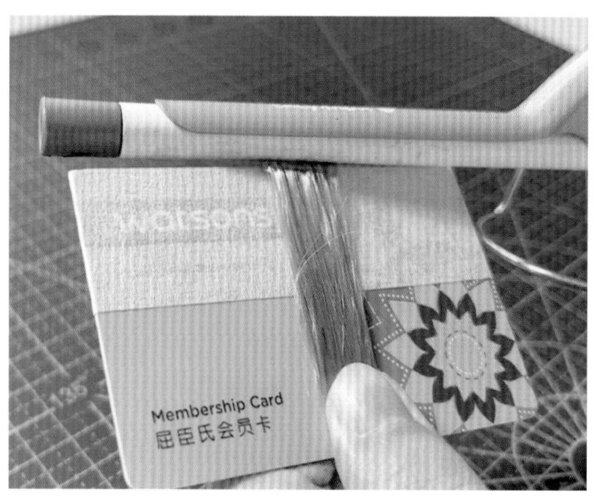

⑰用同样的方法制作顶部发片，方法同前面的披发案例。

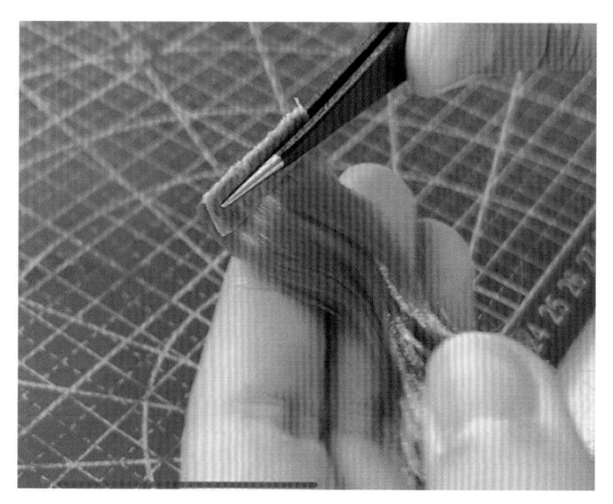

⑱顶部发片制作完成。

⑲按照中分线粘贴左侧顶部发片。

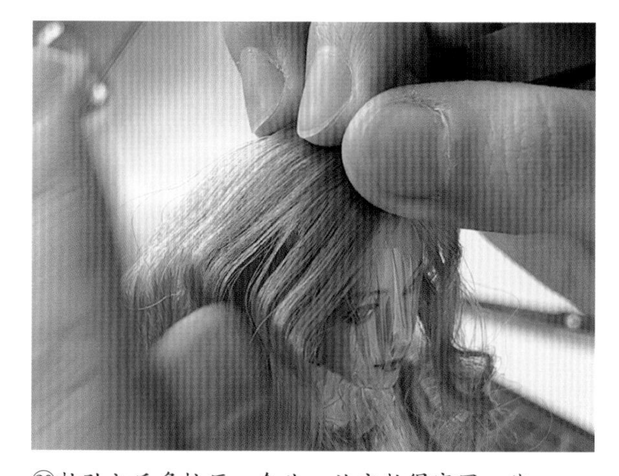

⑳粘贴之后多按压一会儿，让它粘得牢固一些。

㉑特别是发片的前端和末端,按压使其粘牢。

㉒左边粘贴完成效果。

㉓用卷发棒将顶部熨烫平整。

㉔粘贴另一边，动作稍慢，让两个发片中间贴紧，减少缝隙。

㉕按压两端，使其粘贴牢固。

㉖把顶部头发捋起来。

㉗加贴一片发片在下面。

㉘这样能够遮住下面的发片胶水痕迹，使顶部看起来头发厚实，更加美观。

㉙加贴的头发会比较蓬松。

㉚用卷发棒熨烫柔顺。

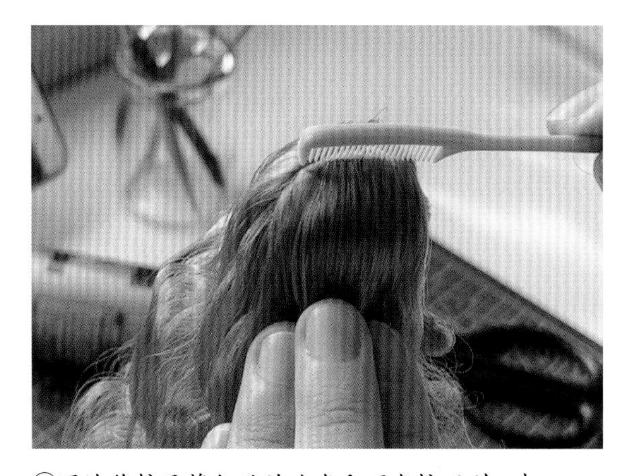

㉛用迷你梳子将加贴的头发和顶发梳理到一起。

㉜用卷发棒熨烫平整。

㉝基础发型完成后，侧面展示效果。

㉞正面展示效果。

3.3.2 编发过程

①用迷你梳子将卷发梳开。

②左边为梳开状态，右边未梳开。

③取适量的前排发束。

④分为三束，准备编发辫。

⑤照常规的三股辫编发即可。

⑥先交叉底部的发束，再将顶部发束压在上面，这样可以避免露出下面的胶水痕迹。

⑦靠近头部的发辫可以编得松一些，否则会紧贴头皮，看起来不够自然。

⑧头部以下的发辫可以编得紧实一些，方便后续盘发。

⑨两侧都用同样的方法各编一条发辫。

⑩蘸霹雳造型胶涂抹至头顶，把毛躁蓬松的头发顺一顺，准备盘发。

⑪在左侧发辫内侧涂抹 Aleene 美工白乳胶。

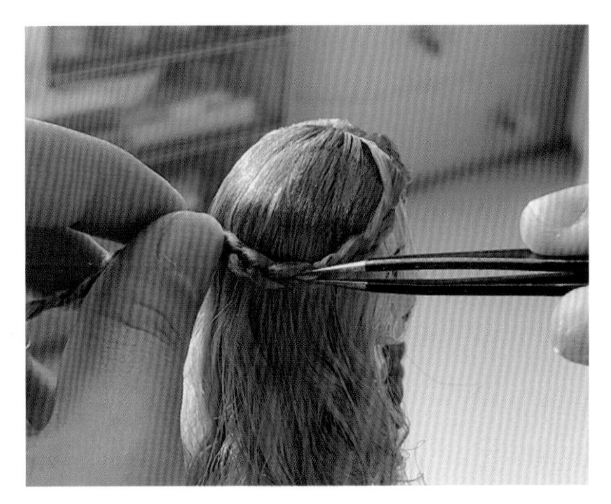

⑫将发辫围着头部绕至脑后。

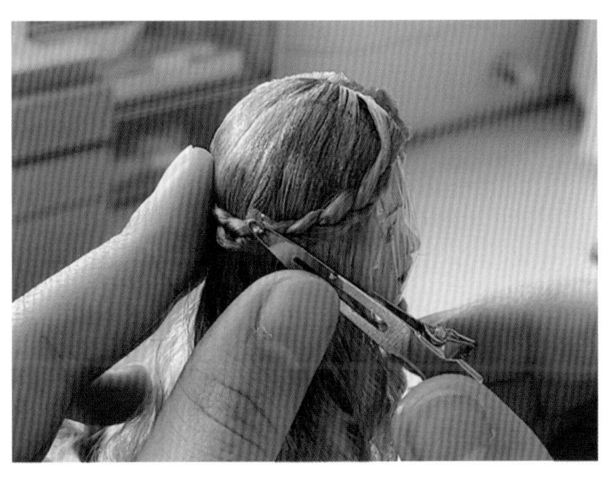

⑬涂抹过白乳胶的地方用鸭嘴夹固定，等待乳胶干透以后将夹子取下即可。

⑭继续将剩下的发辫涂上白乳胶。

⑮围着头部粘贴。

⑯用鸭嘴夹固定。

⑰涂抹白乳胶。

⑱按压粘贴。

⑲用鸭嘴夹固定。

⑳围绕头顶的发辫底部涂抹白乳胶，不要使用鸭嘴夹，以免弄乱头顶的发丝。

㉑先将剩余的发辫用鸭嘴夹夹住，等另一边发辫盘好之后再一起做收尾。

㉒用同样的方法盘右边的发辫。

㉓把涂抹了白乳胶的发辫围着头部粘贴。

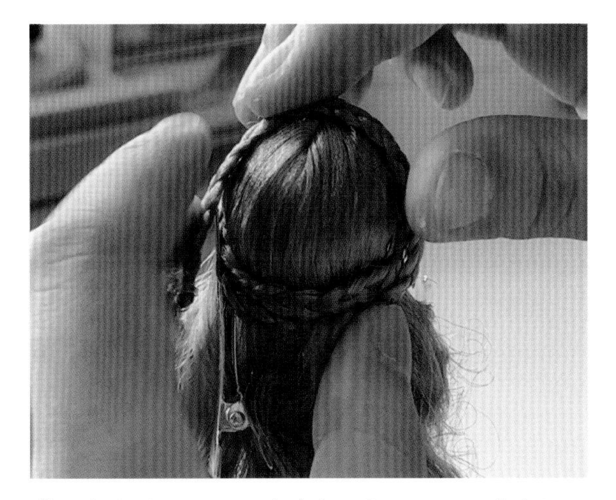

㉔顶部发辫不方便用鸭嘴夹固定，可以用手多按压一会儿，保证粘贴牢固。

㉕侧面用鸭嘴夹固定。

㉖另一边也同样用鸭嘴夹固定，等待白乳胶干燥后取下夹子。

㉗两边的盘发完成，把披散的头发用夹子夹住，方便收尾。

㉘将透明皮筋换成 0.2 mm 的金色铜丝，用来捆绑发梢。

㉙将多余的发梢剪去。

㉚盘发完成效果。

3.4 古风盘发的制作

3.4.1 基础发型制作

①先粘贴前排的头发，方便制作刘海，粘贴之前用卷发棒烫出一点弧度。

②先粘贴中间，用剪刀剪去多余的部分。

③剪去多余部分后的效果。

④左边粘贴一束发片。

⑤修剪以后的效果。

⑥右边粘贴一束发片。

⑦将头发修剪整齐。

⑧用卷发棒烫 2 秒钟。

⑨趁着余热，用镊子捏住刘海向内扣，调整刘海弧度。

⑩从耳朵处开始粘贴后排的发片。

⑪粘贴第二排发片。

⑫粘贴头顶发片，先粘贴中间部分。

⑬再来补充两边的。

⑭鬓角的头发粘贴角度近似垂直。

⑮粘贴鬓角第二层发片。

⑯逐层往上贴，遮住下面的发套，直至刘海位置。

⑰开始粘贴头顶的发片，先粘贴中间部分。

⑱再粘贴两边的发片。

⑲贴满整个发套，检查是否有遗漏部分。

⑳参考披发案例的方法制作顶部发片。

㉑用卷发棒将发片熨烫柔顺。

㉒粘贴顶发，按压粘牢。

㉓将头发掀起来，露出下面胶水的部分。

㉔粘贴一层发片在下面，让头顶的头发更厚实。

㉕用卷发棒熨烫柔顺，用同样的方法完成另一边。

㉖找到鬓角的位置，在发壳内部粘贴一小束发片。

㉗两边都粘贴。

㉘因为盘发发型头发梳起来以后会露出发壳的边缘，所以需要粘贴内部发片。凡是盘发发型大都需要粘贴内部发片。

㉙用卷发棒将发片熨烫柔顺。

3.4.2 盘发过程

①用迷你梳子梳理整齐，将各层头发融合在一起。

②将头发分为三个区。

③分发区左视图。

④分发区俯视图。

⑤将一侧的头发平均分为三束。

⑥开始编发辫，发辫为三股辫，编之前可以在头发上涂抹少量水润湿头发，这样头发就不会打滑和毛躁。

⑦先交叉底部的发束，再将顶部发束压在上面，这样编发比较美观。

⑧编到耳朵附近时，调整发辫造型，轻轻拉扯，使其蓬松一些，用鸭嘴夹固定，抹上霹雳造型胶。

⑨等待造型胶干透之后再继续编，这样定型过的发辫造型比较美观，也方便后期做造型。

⑩另一边用同样的方法定型，等待干燥。

⑪继续编完发辫，末端用黑色铜丝扎紧固定。

⑫另一边也编好发辫。

⑬向上盘起，因为发辫比较厚重，白乳胶难以固定，所以顶端用热熔胶固定。

⑭两边盘起后剪掉多余的末端发尖。

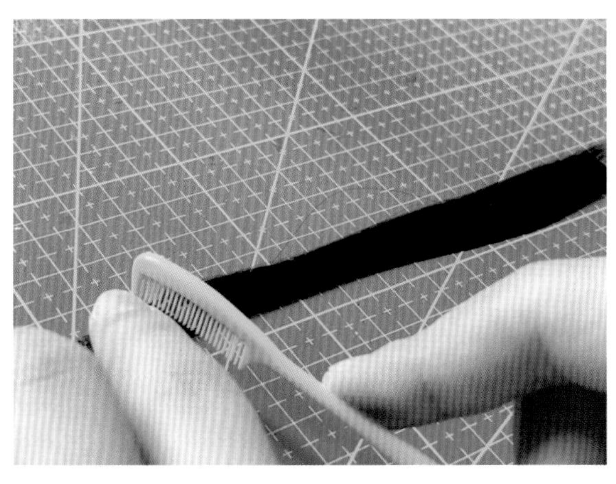

⑮挑一束较厚的发片，用水喷湿，梳理整齐。

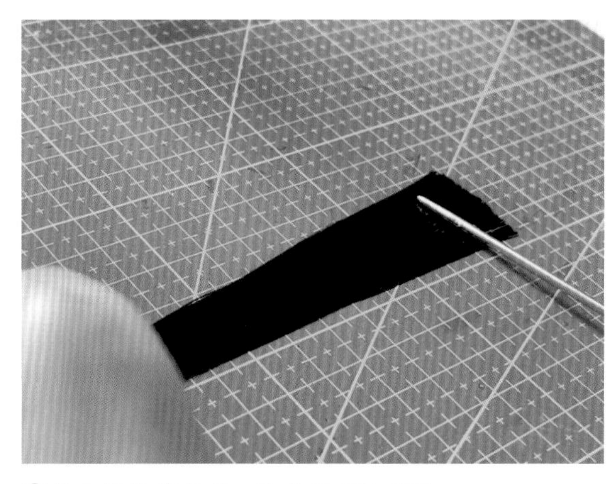

⑯将末端修剪整齐，涂上霹雳造型胶。

⑰用卷发棒将其两端烫弯曲。

⑱发片烫弯的效果。

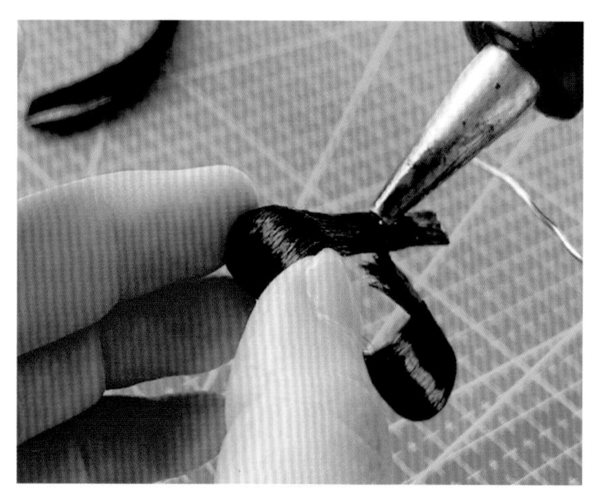

⑲用热熔胶固定。

⑳折叠起来，准备做一个蝴蝶结发包。

㉑取一束较小的发束，喷水梳理之后，抹上霹雳造型胶。

㉒把发束粘贴在刚才做好的发片圈中部。

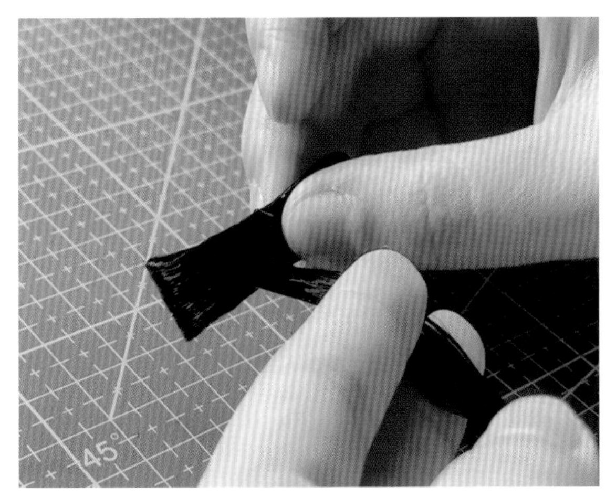

㉓将发束沿着中间缠绕。

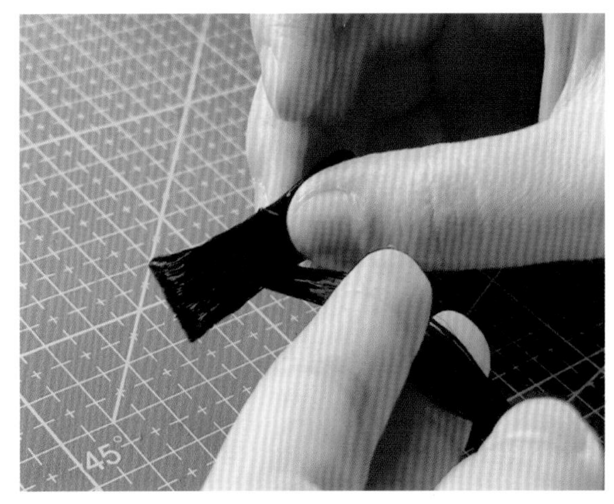

㉔末端留下一小截发尖。

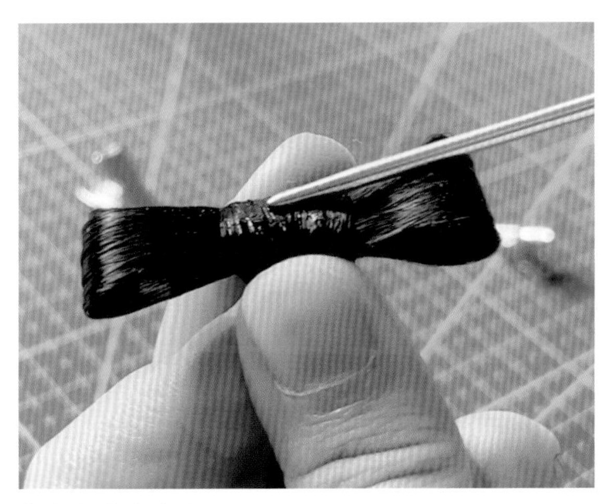

㉕涂抹霹雳造型胶。

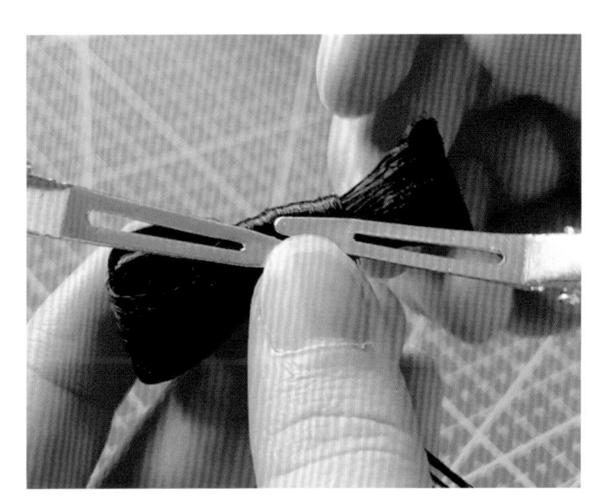

㉖用鸭嘴夹固定，等待定型胶干透以后取下夹子。

㉗蝴蝶结发包完成效果。

㉘在头顶挤上热熔胶。

㉙将蝴蝶结发包粘贴上去。

㉚把发包留下的一小截发尖涂抹上霹雳造型胶。

㉛用剪刀修剪整齐。

㉜下面挤上一点热熔胶，用镊子夹住发片粘贴。

㉝如果热熔胶冷却粘贴不了，可以用胶枪头按压加热，再继续粘贴。

㉞盘发完成后视图。

㉟盘发完成前视图。

第④章

如何给娃娃制作衣服

在我们完成妆面和发型以后，当然也要给娃娃搭配一身合适的服装，这样，这个娃娃就完成了。因为本书主要针对新手朋友，全部使用专业的服装制作知识会让新手学习起来比较困难，所以服装的制作结合了专业和非专业的知识，希望呈现给大家更简单明了的方法，让各位改娃爱好者都能早日拥有自己制作的完美娃娃。

4.1 制作服装的工具和材料

家用缝纫机

娃衣都比较迷你，一部分需要手工缝制才能完成，对缝纫机要求不高。准备一个家用缝纫机足矣。家用缝纫机体型较小，方便收纳。

迷你熨斗

为配合娃衣的大小，推荐使用小号熨斗，可以熨烫细节部分，比如袖口、领子。

高温消失笔

用于拓印纸样在布料上，高温熨烫即可消失，易清理，易上色。

熨斗垫布

即使是迷你熨斗温度也很高，因此需要一块垫布，既方便熨烫布料也可以防止烫坏桌面。

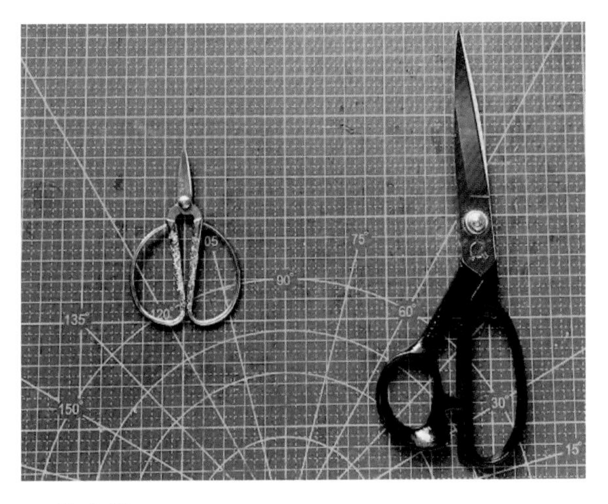

● **裁布剪刀**

专业的裁布剪刀可以在裁剪布料的时候，有效地防止布料打滑。剪刀打滑会导致裁剪的布料不对称，从而增加缝纫难度。

● **珠针**

固定裁剪好的布片，方便缝纫。

4.2 如何制作服装纸样

4.2.1 什么是服装的原型

原型就是服装最基础的款式，简单方便，可塑性强。只要拥有服装原型，再举一反三，我们就可以衍生出无数的服装款式。

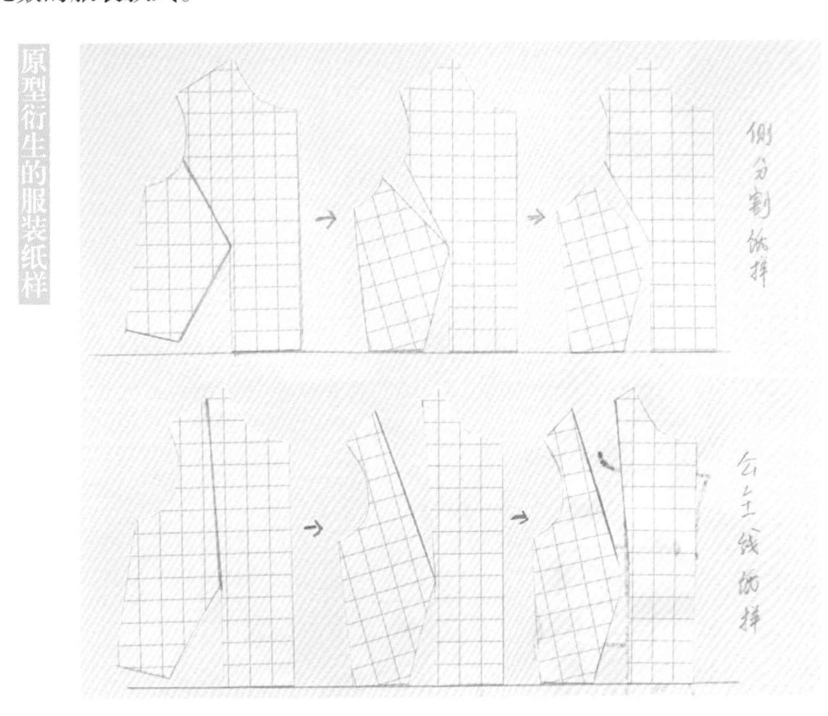

原型衍生的服装纸样

4.2.2 什么是服装纸样

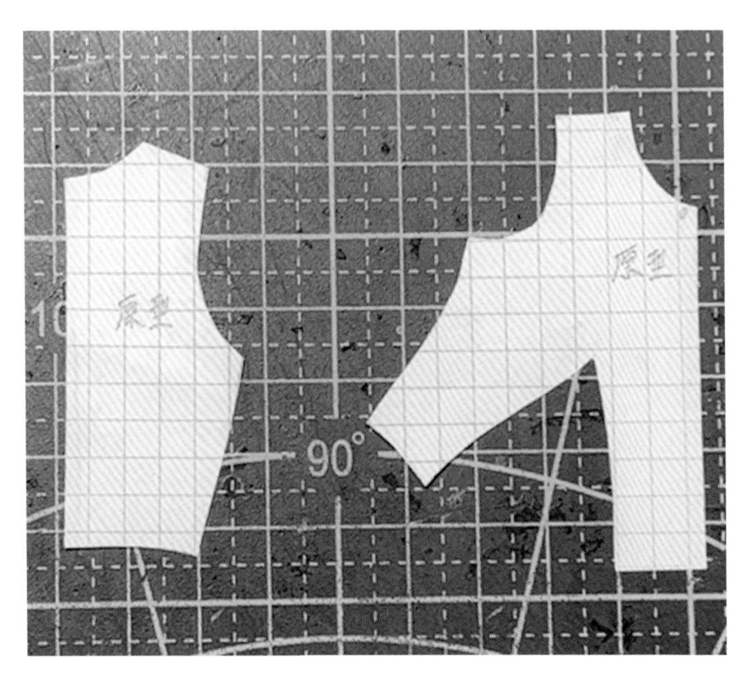

服装纸样，也称为服装样板或服装模板。市面上的服装看起来种类繁多，其实都是在一些基础款式上进行改动所创造出来的，只要学会了制作纸样，在拥有基础款式的纸样之后，我们设计和制作服装的时候就会更加方便快捷，并且使用纸样，会让做出来的服装更加合身，也可以更好地节省布料。本书中会使用比较便捷、易上手的方法教大家制作纸样，这样更容易让新手朋友建立信心，从而保留热情，继续坚持。大家熟练之后，也就更容易地去深入了解和使用专业纸样的制作原理和方法。

4.2.3 制作服装纸样的工具和材料

软尺

用来给娃娃量尺寸，因为娃娃不是一个平面，所以需要用软尺才能量出胸围、腰围等有弧度的部位。

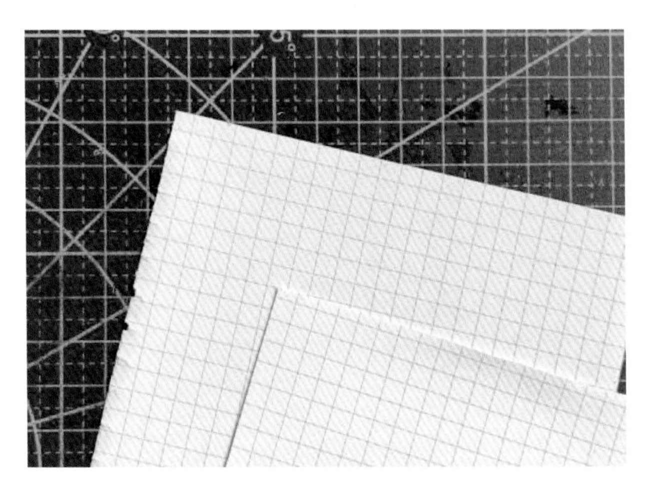

方格纸

这种纸有很多相同尺寸的小方格，因此可以在制作纸样时更加标准，从而减小误差。纸质偏软偏薄，只适用于制作纸样草稿，之后再把草稿拓印到牛皮纸上。

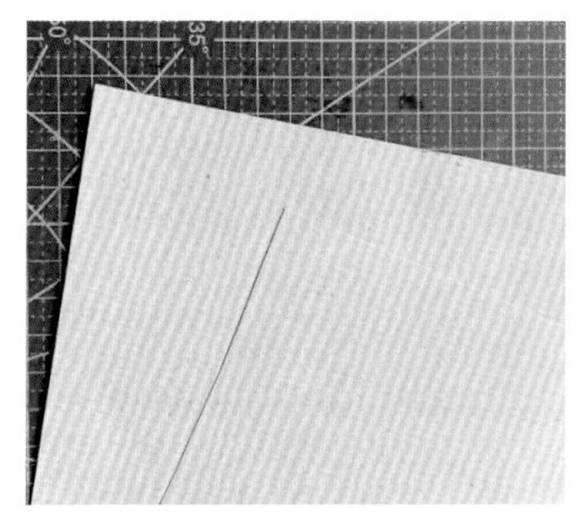

牛皮纸或者卡纸

纸样会重复使用，次数频繁很容易破损，可以选较有韧性的纸张。

纸胶带

用来给衣服制作贴身纸样，因为是纸质的，所以方便后续马克笔的使用。

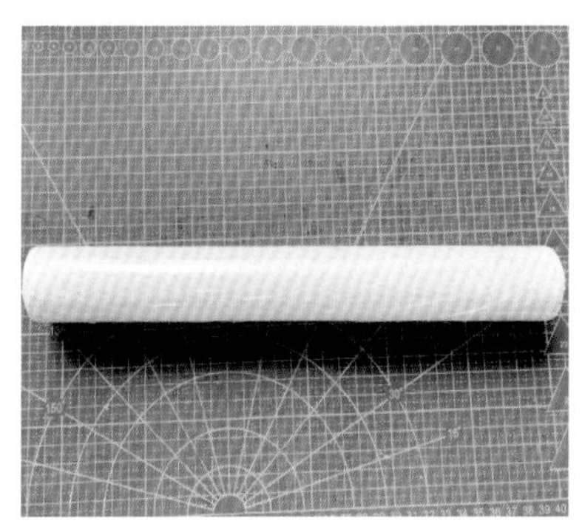

保鲜膜

可以在制作纸样时保护娃娃身体不会损坏，也方便纸胶带脱模。

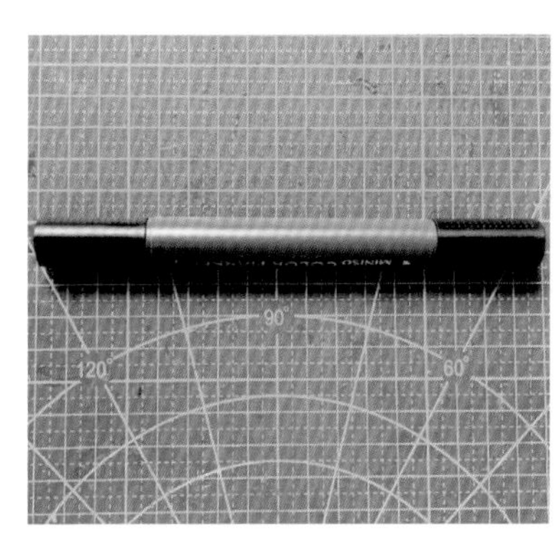

马克笔

用于勾勒出服装纸样的结构，干得快，防水，易上色。

4.2.4 原型的制作方法

（1）上衣原型的制作方法

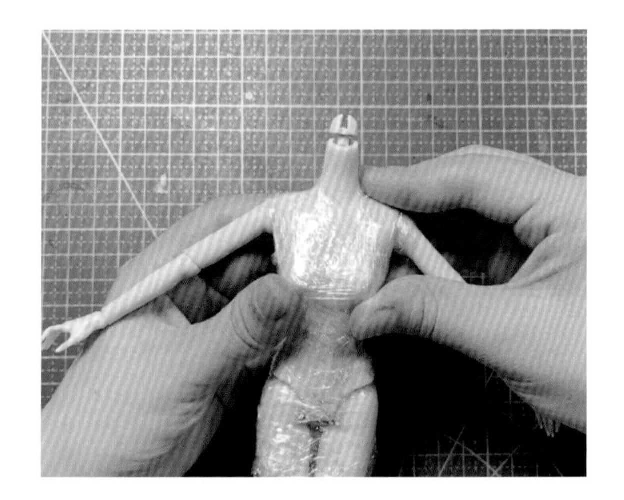

①给娃娃上身裹一层保鲜膜。

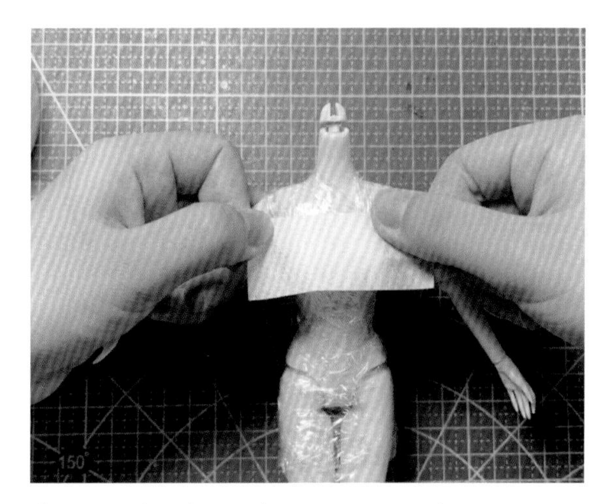

②把纸胶带贴在娃娃身上，尽量让胶带贴得紧一点，这样做出来的纸样尺寸会比较准确。

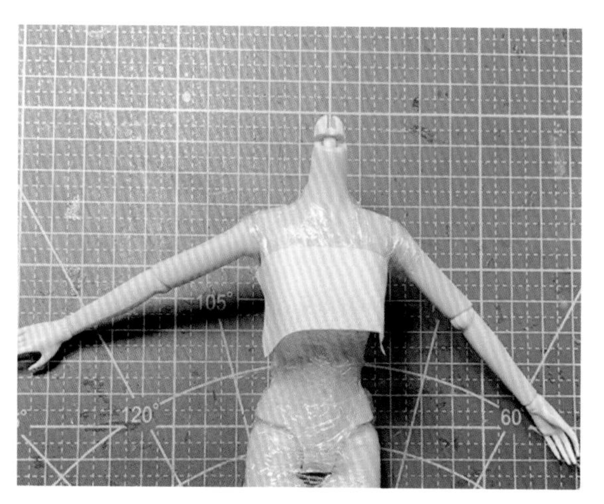

③先贴胸部。

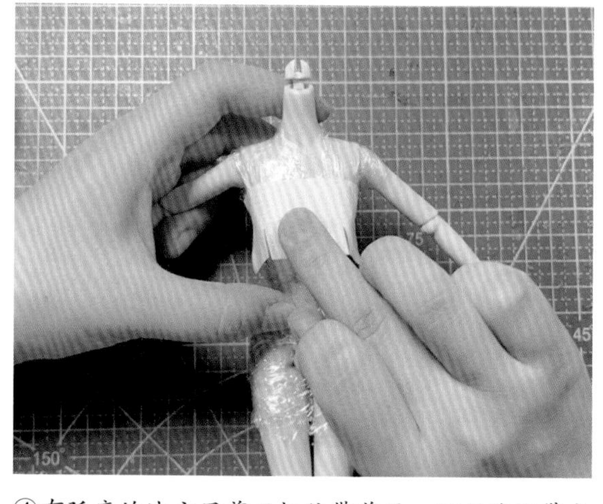

④有弧度的地方用剪刀把胶带剪开，可以使胶带充分贴合。

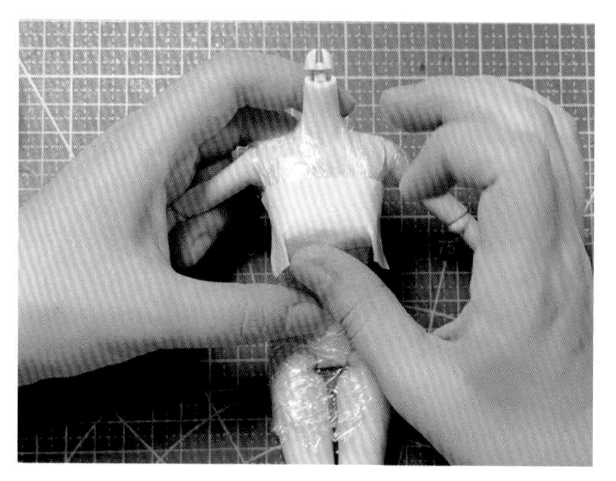

⑤把中间按压下去。

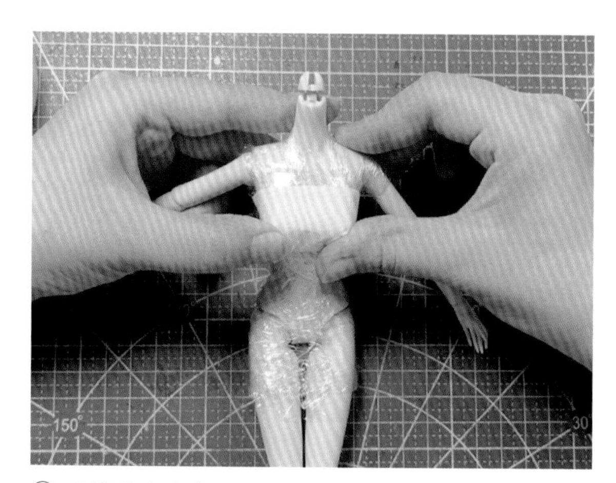

⑥ 再将两边贴上。

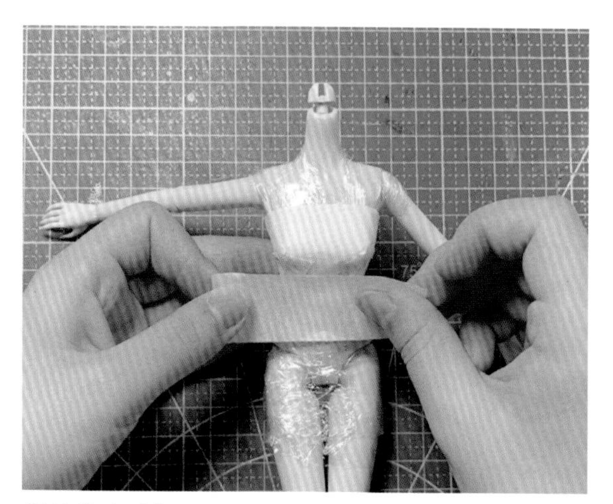

⑦继续贴腰部。

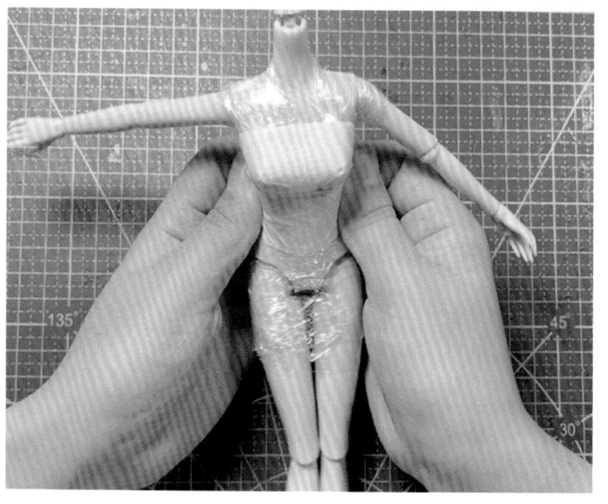

⑧同样用剪刀剪开再贴。

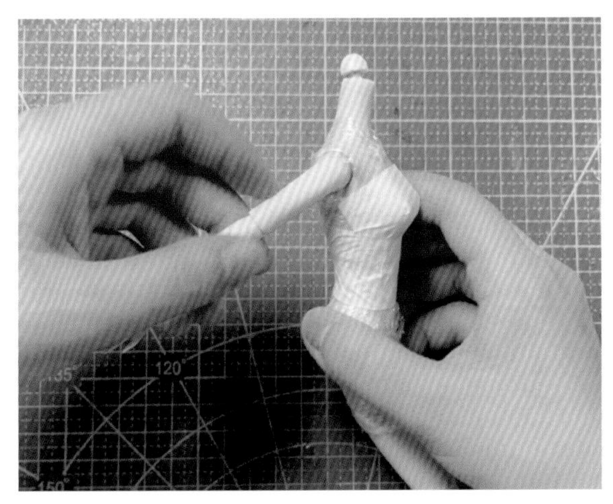

⑨粘贴的侧面效果。

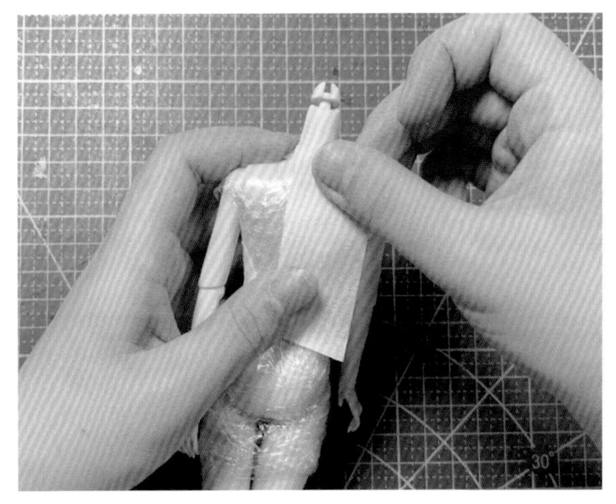

⑩粘贴后背，因为人体是对称的，所以只需制作一边的纸样就可以了。

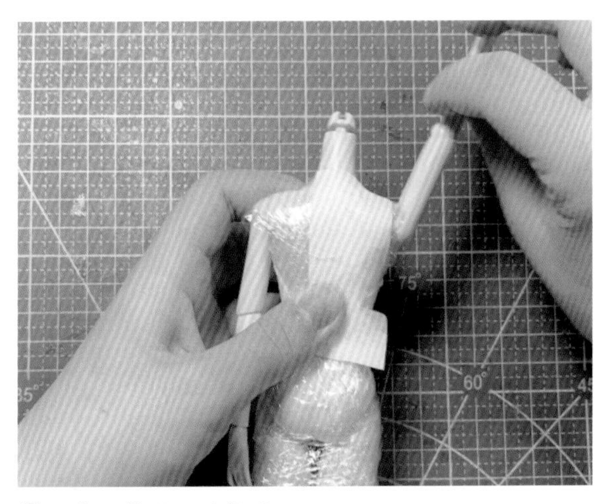

⑪用剪刀剪开口子粘贴。

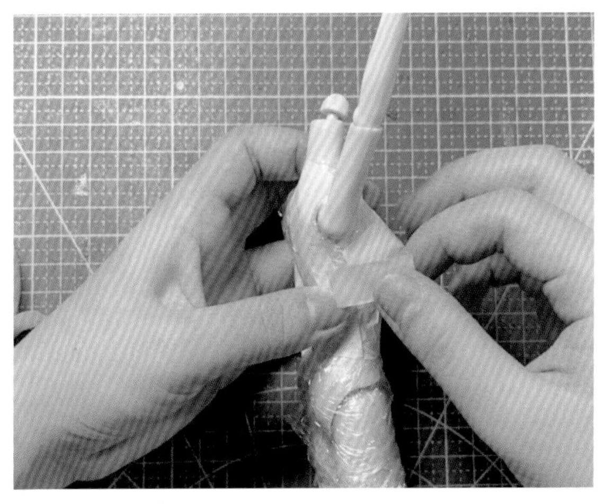

⑫剪小块胶带，把缝隙补上。

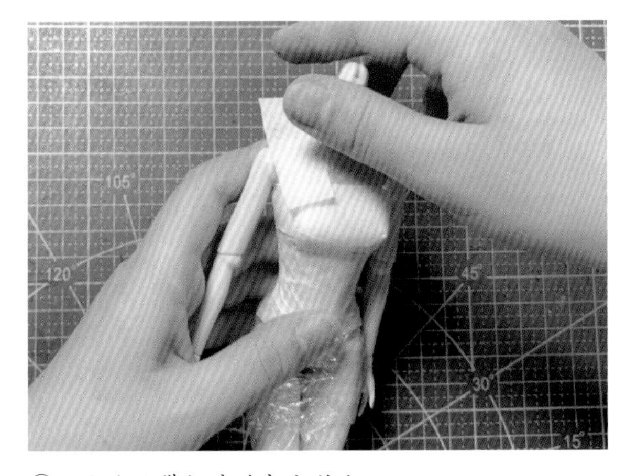

⑬用小块胶带把肩膀部分补上。

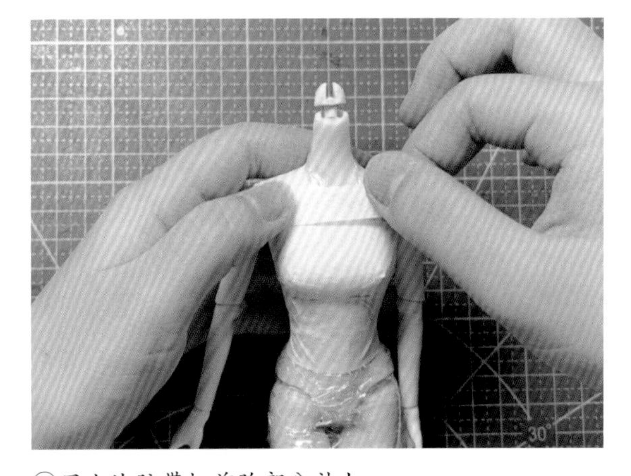

⑭用小块胶带把前胸部分补上。

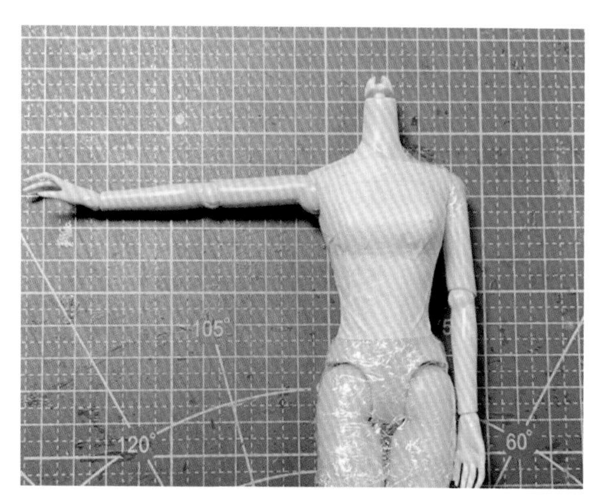

⑮纸样底膜粘贴完成。

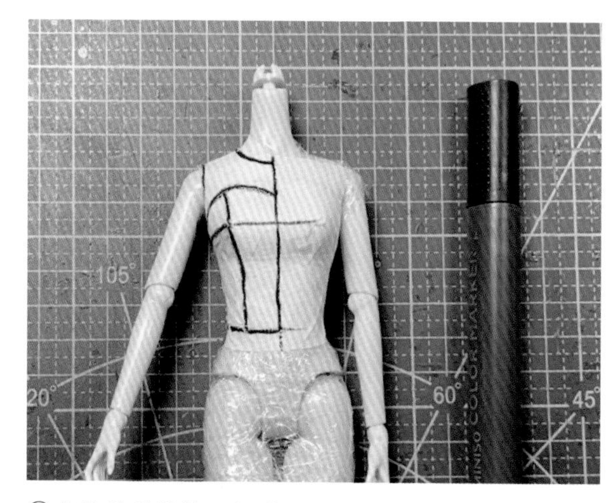

⑯衣服原型结构正视图。

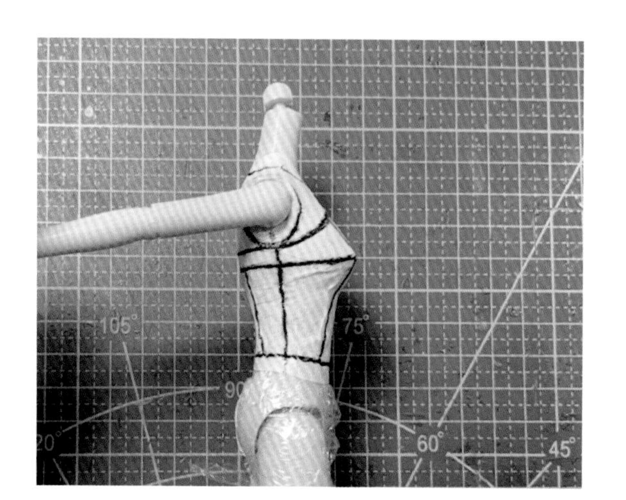

⑰衣服原型结构侧视图。

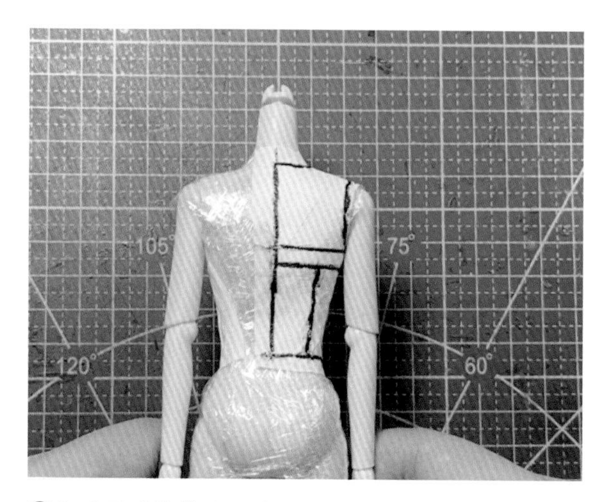

⑱衣服原型结构后视图。

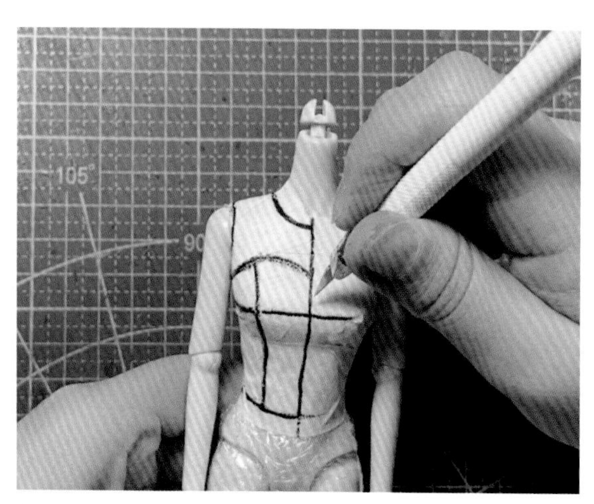

⑲用小刻刀将画好的纸样划开取下。

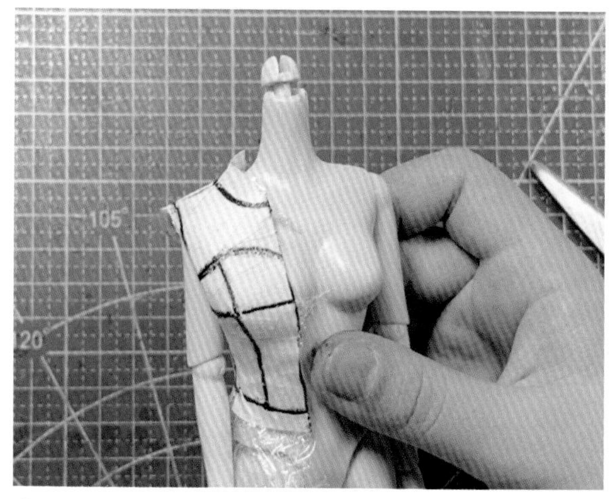

⑳取下的纸样效果。

㉑将纸样原型贴到方格纸上拓印。

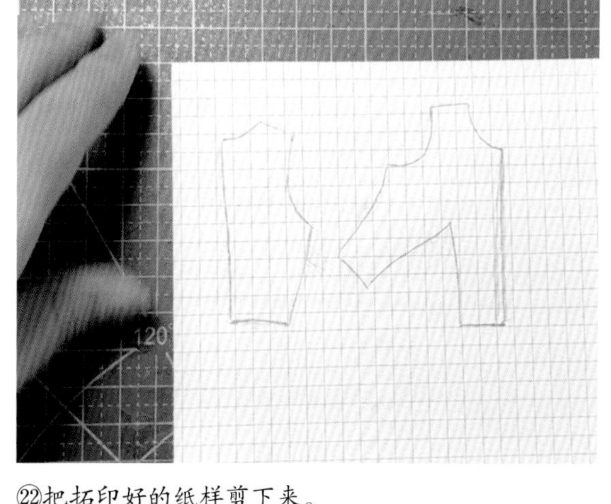

㉒把拓印好的纸样剪下来。

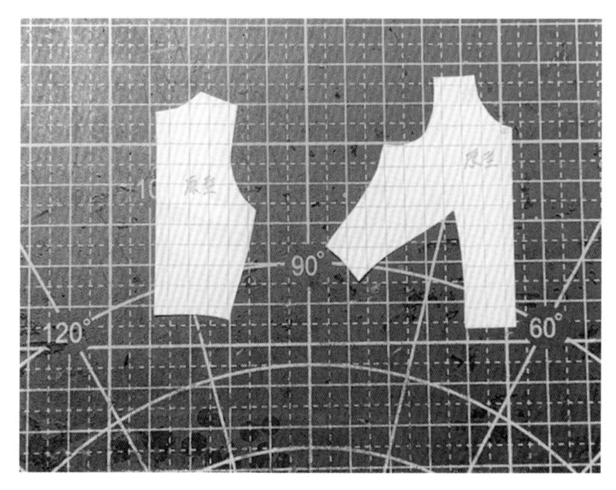

㉓在纸样上写上标注，方便使用时好分辨。

（2）袖子原型的制作方法

①用软尺贴着纸样的边缘测量出后片袖洞的长度，图中尺寸为 2.8 cm。

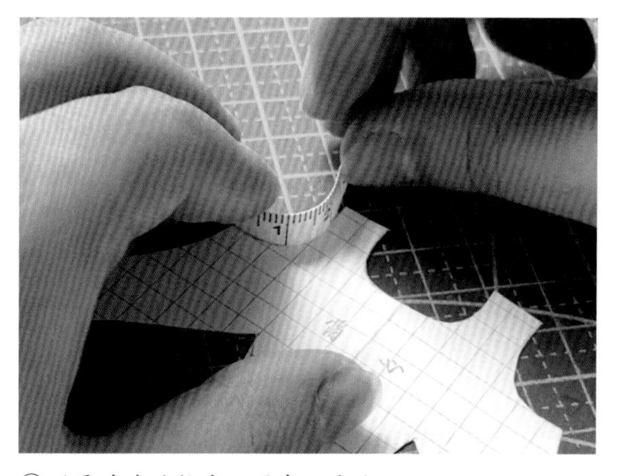

②测量前片的长度，图中尺寸为 2.6 cm。

③测量整个袖洞的高度，图中尺寸为 2 cm。

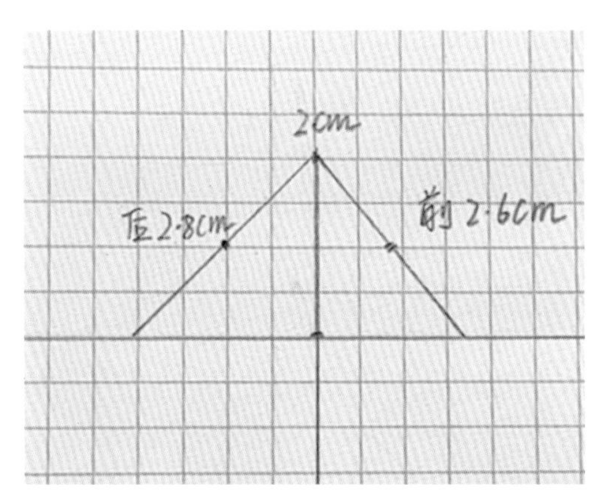

④将刚才测量出的三个尺寸组合在一起，画出一个三角形。

高：袖洞尺寸；左边：后片尺寸；右边：前片尺寸。

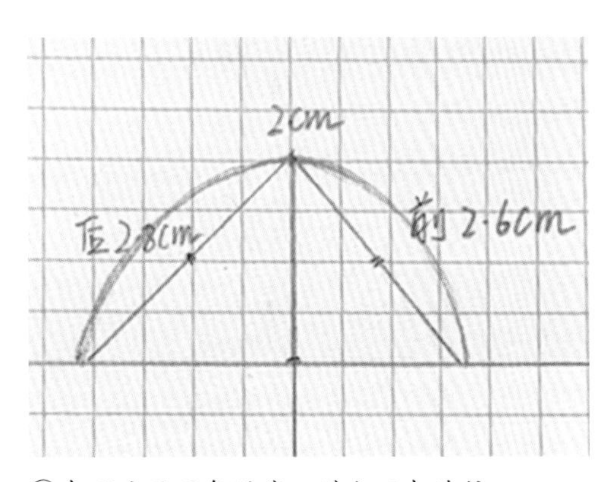

⑤在两边画两条弧线，进行互相连接。

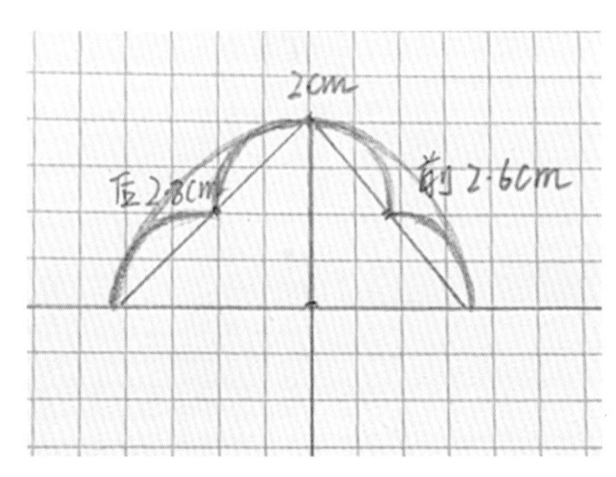

⑥将两条边都各自均分为两份，一共四份，都分别画上弧线。

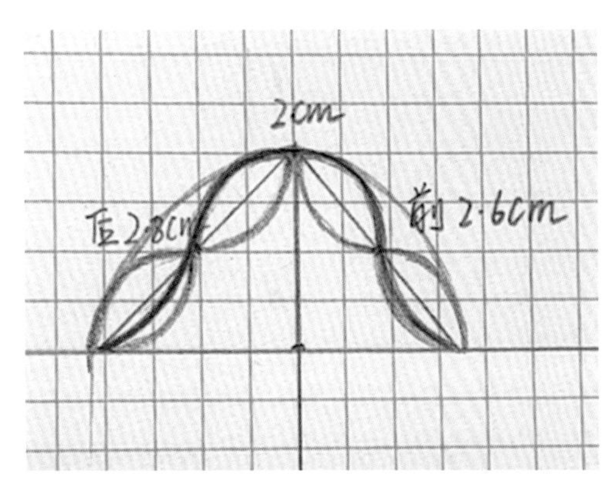

⑦用另一种颜色的笔描出袖山的形状。

图中红色虚线部分没有按照铅笔稿的弧度来画，因为后片纸样的袖子弧度较平缓，所以袖山的弧度也一样平缓。

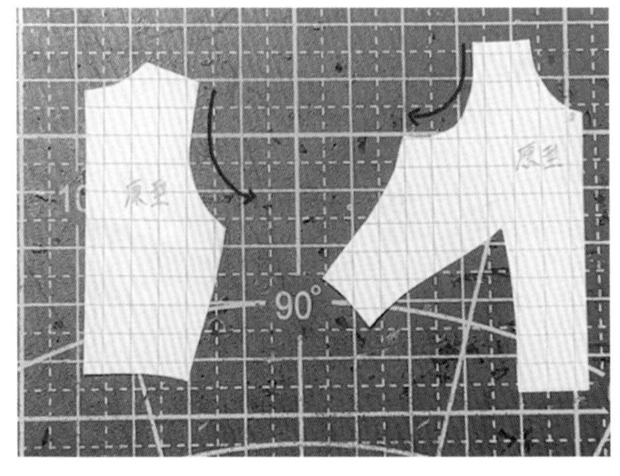

⑧大家在制作袖子纸样的时候需要注意袖子的弧度，学会灵活变换，这样做出来的袖子更加美观。

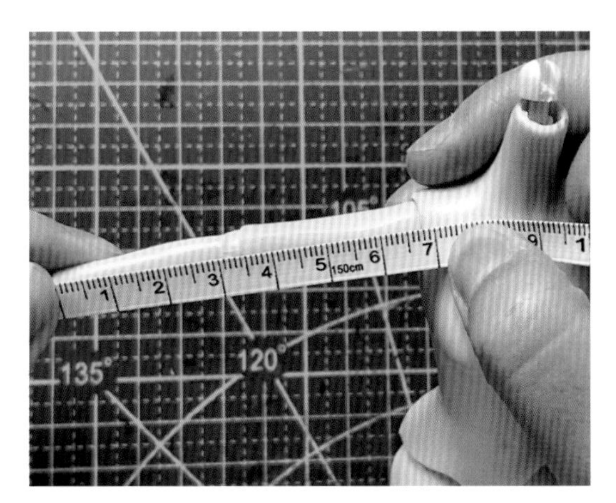

⑨测量出上臂和前臂的长度。

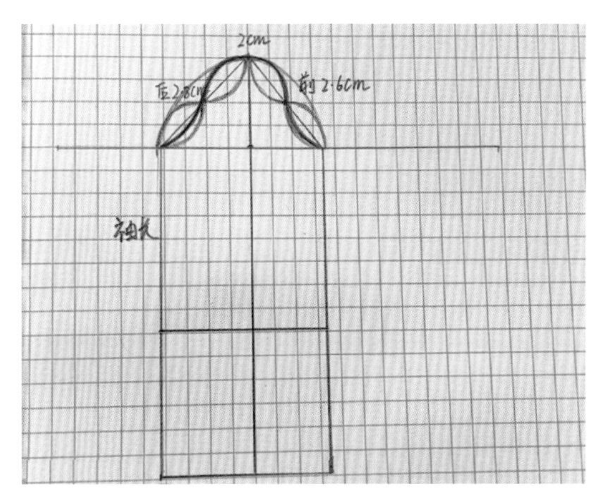

⑩在图纸上画出来。

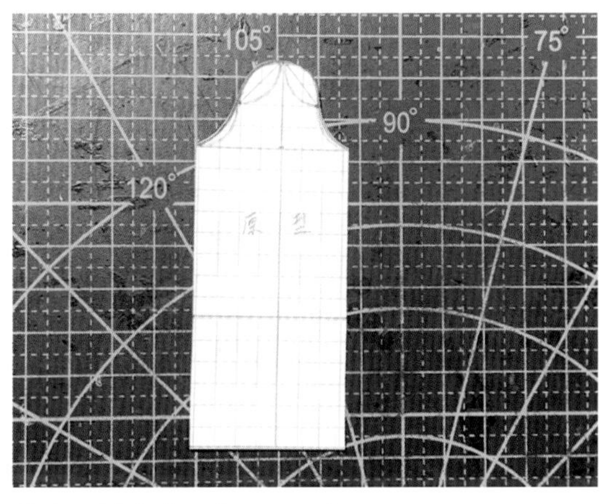

⑪将纸样裁剪下来标注好备用。

（3）裙子纸样

①裙子纸样的腰围越大，裙摆就越大，裙围也会越大，腰间的褶皱会更多，裙子也会更加华丽。

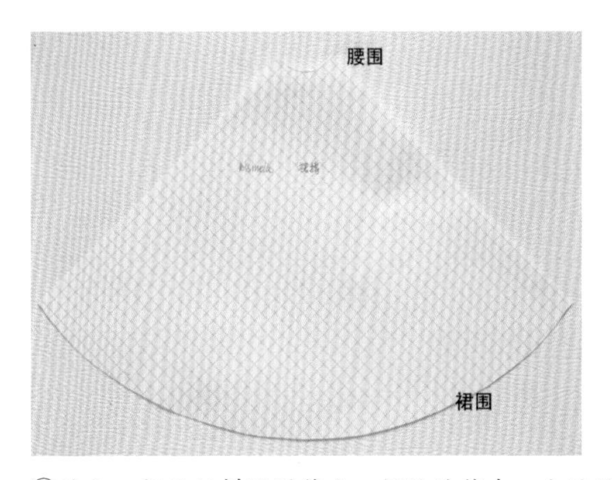

②反之，裙子纸样腰围越小，褶皱就越少。和娃娃腰围相同的纸样不打褶皱，可用于制作内裙或者裙撑。

（4）裙撑的做法

①准备一块 40~60 cm 长的长方形网纱。如果网纱偏软，就多对折 3~4 次增加厚度；如果网纱偏硬，就对折 1~2 次。

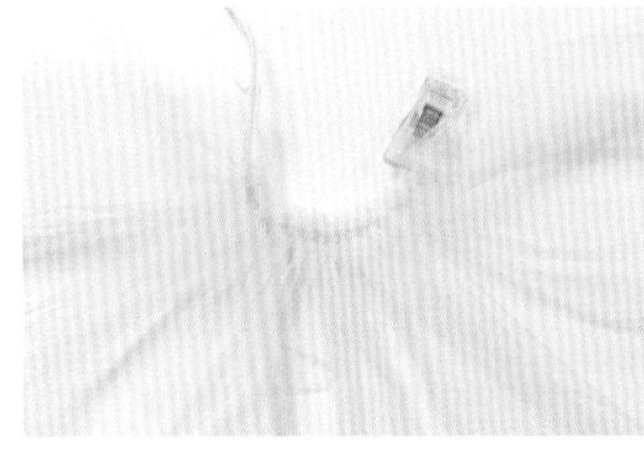

②对折之后将腰的部分缝出一条腰围线，将松紧带穿到穿带器上，穿过腰围线，拉出褶皱。

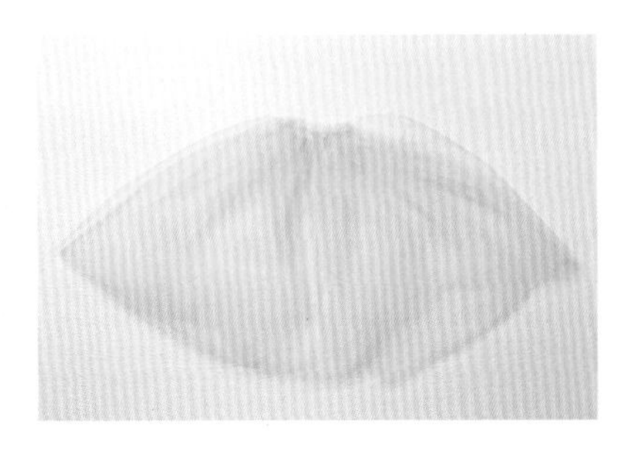

③将松紧带打结，即可完成裙撑的制作。

4.3 连衣裙的制作

布料名称

纯棉布 – 酒红色

娃娃品牌

娃头：kissmela 彭小姐

素体：心怡

4.3.1 上衣的制作

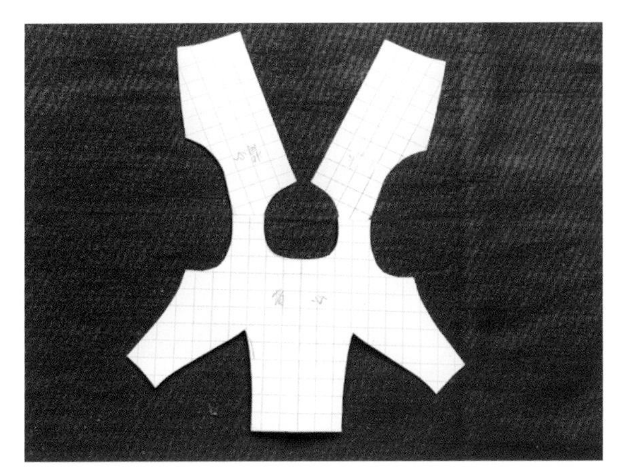

①将后片纸样和前片纸样拼在一起拓印。

②裁剪完成的衣服布片如图所示，这样裁剪出来可以省去缝合肩线。

③用剪刀把领口沿线剪出小口。

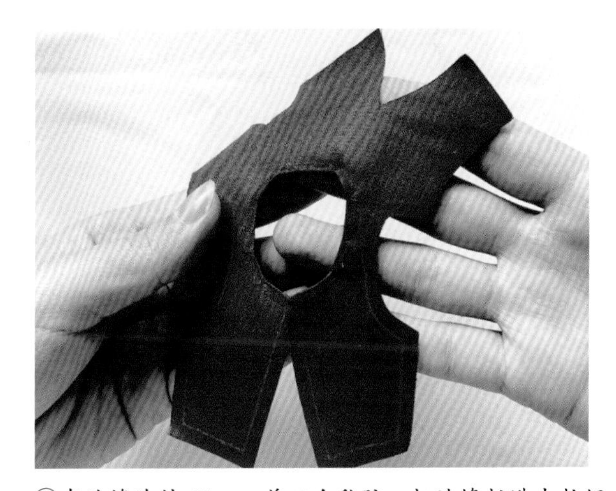

④在边缘涂抹 Aleene 美工白乳胶，把边缘折进去粘好。

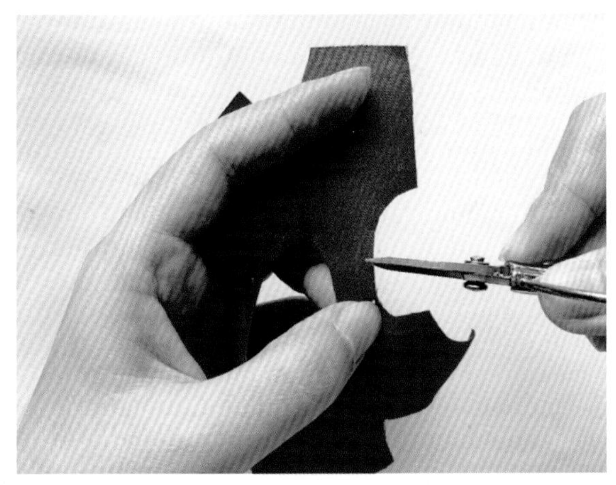

⑤两个袖洞也使用同样的方法，先剪开，再折边。

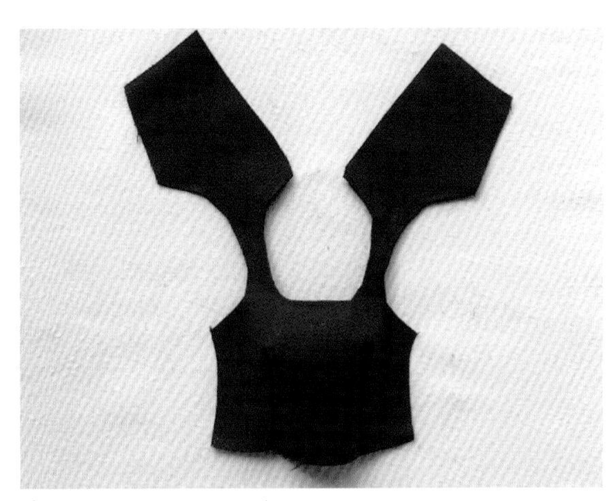

⑥将前面的布片缝起来。

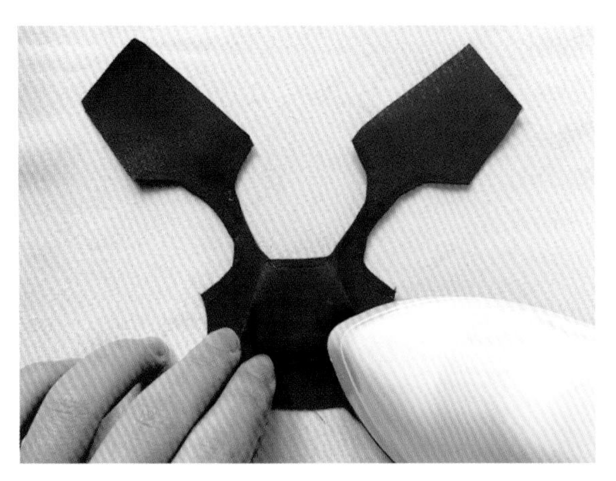

⑦将缝份熨烫平整。

⑧将衣服的侧面缝合起来。

4.3.2 裙子的制作

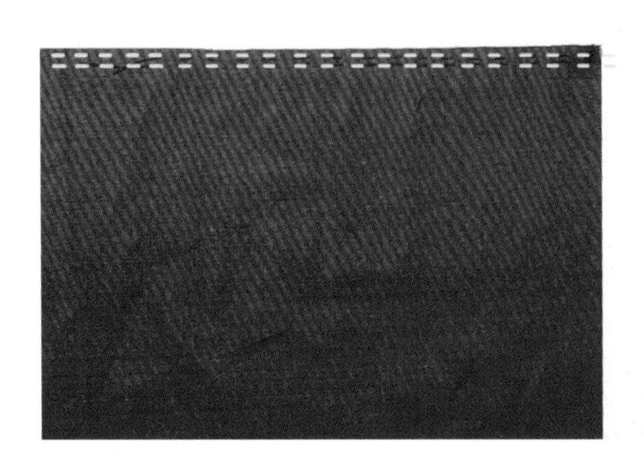

①按照蓝色线的指示缝两条抽褶线，线缝的间距可以宽一些，方便抽褶。

②右手拉住抽褶线的上线，左手将布料往后捋。

③抽褶完成，把每个褶子大小调整均匀。

④和上衣的腰围部分比较一下，调整褶皱，使其和上衣腰长一样。

⑤将上衣和裙子的腰线部分，正面贴正面，进行缝合。

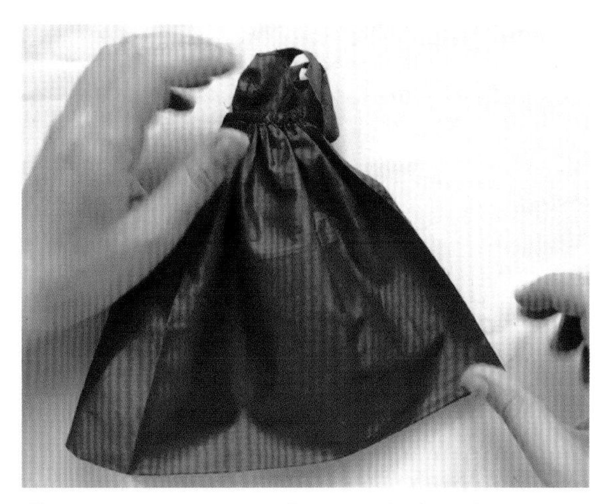

⑥缝合裙子的侧面，注意后腰预留出适量的开口，方便给娃娃穿脱。

⑦缝合完成之后翻到正面，熨烫一下各个缝合线。

⑧将裙子后面预留的开口用白乳胶折边。

⑨在开口处缝上暗扣，完成裙子的制作。

4.4 欧式复古裙制作

布料名称
外裙上衣：PopoHouse小雏菊提花仿刺绣纯棉布料
内裙：纯棉布－白色
棉布刺绣花边 3 cm
娃娃品牌
娃头：kissmela 奥罗拉
素体：Kissmela

4.4.1 上衣的制作

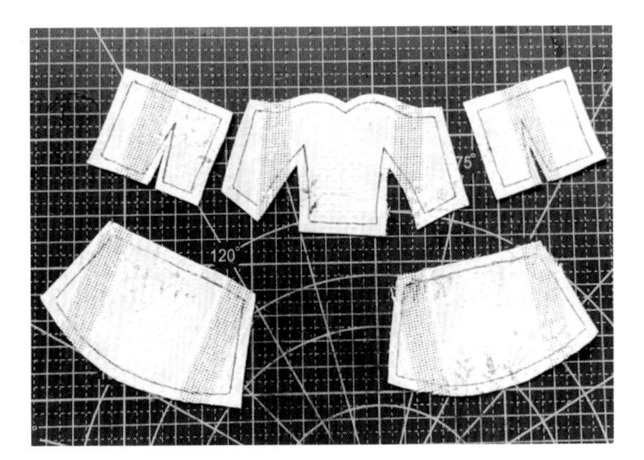

①根据纸样裁剪出服装布片。

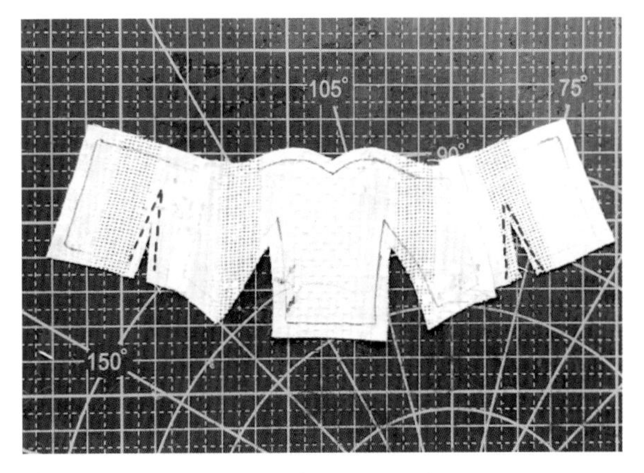

②按照图中红线的指示来缝纫上衣部分。

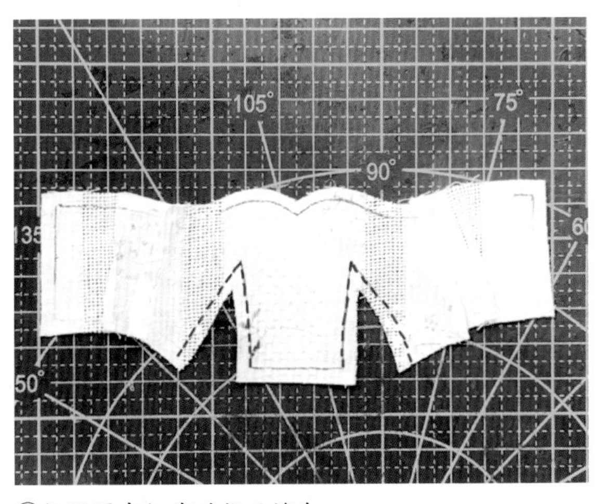

③按照图中红线的指示缝合。

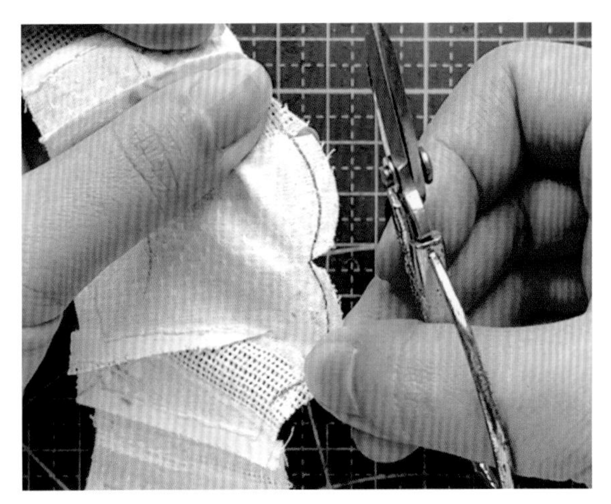

④将边缘剪出小口。

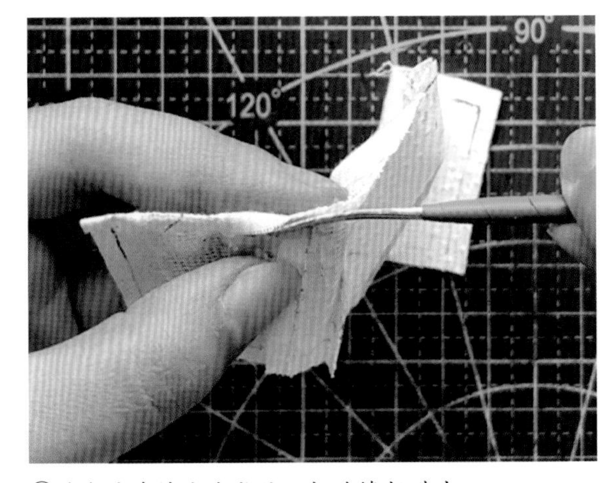

⑤均匀地涂抹上白乳胶，把边缘折进去。

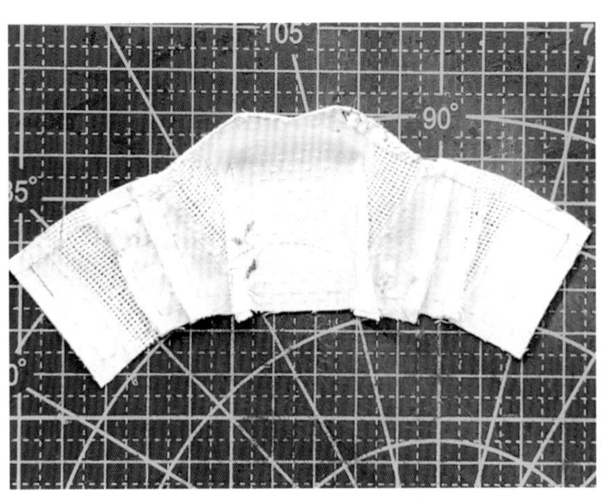

⑥折边后的效果。

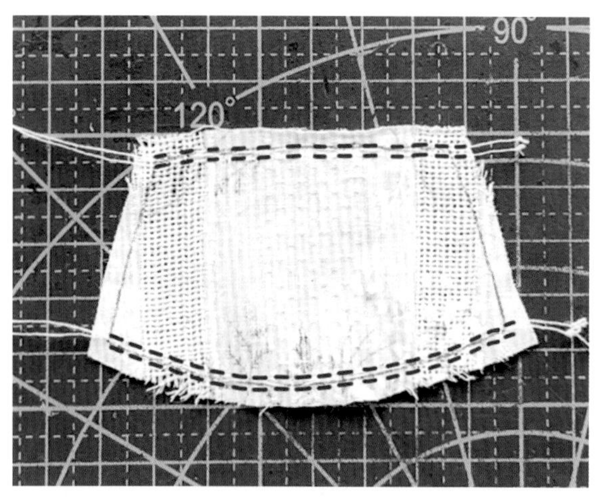

⑦按照红线指示将袖子上下两边缝上双线，准备抽褶。

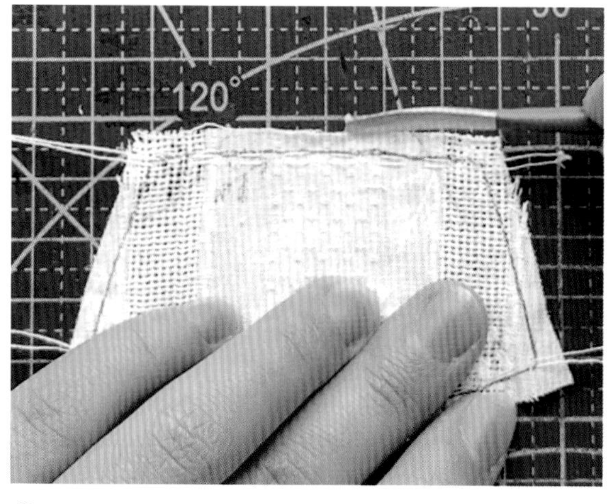

⑧均匀地涂抹上白乳胶。

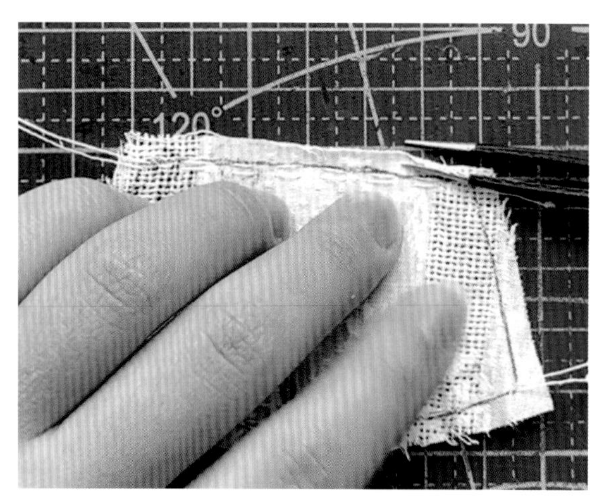

⑨袖子太小就用镊子辅助折边。

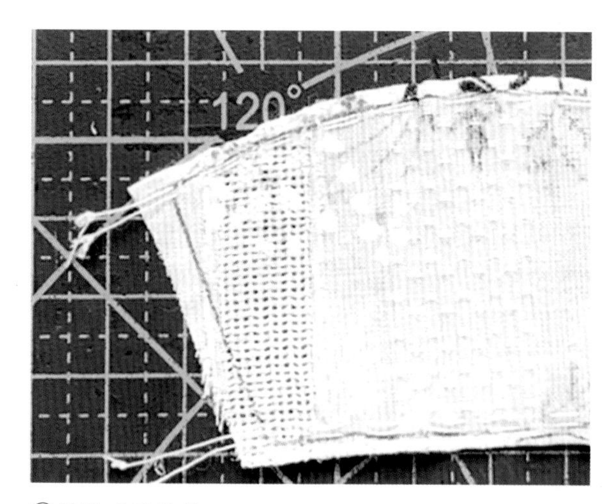

⑩折边后的效果。

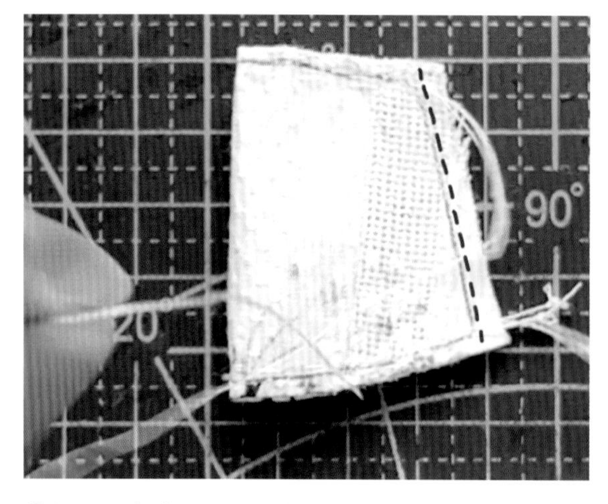

⑪按照红线将袖子缝合成为袖筒。

⑫缝合完成的袖筒，用熨斗熨烫一下缝份线。

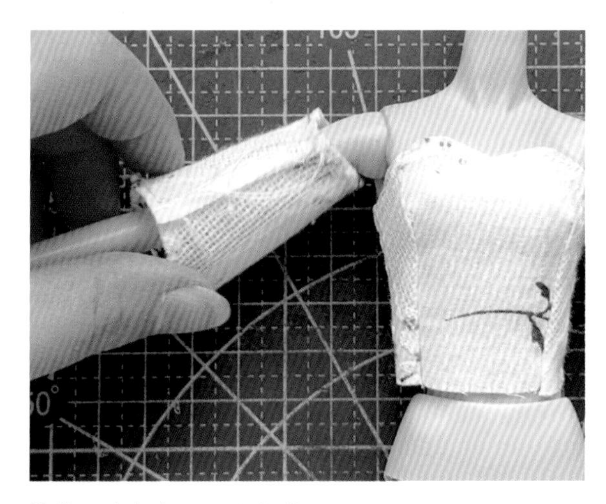

⑬将袖筒套在娃娃的胳膊上。

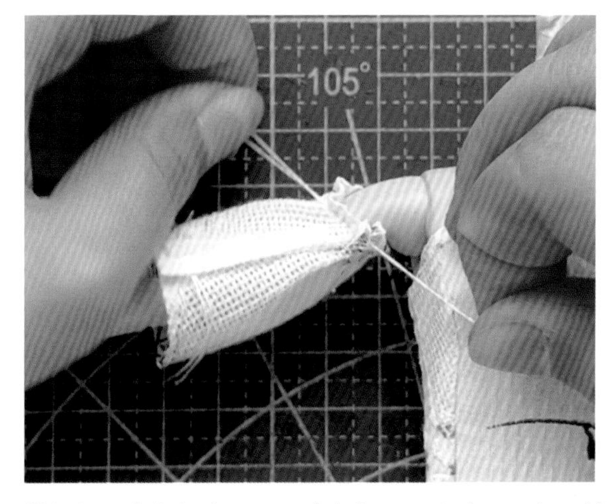

⑭拉住四条抽褶线，往两边抽褶，下面的袖口也一样。

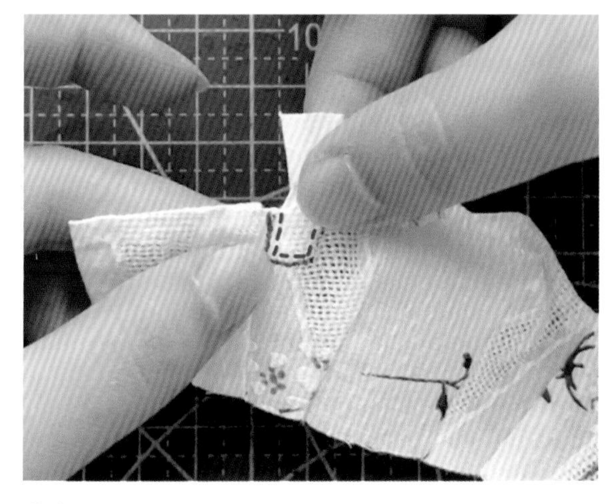

⑮在上衣侧面缝上一块长方形的小布条用于连接衣服和袖子。

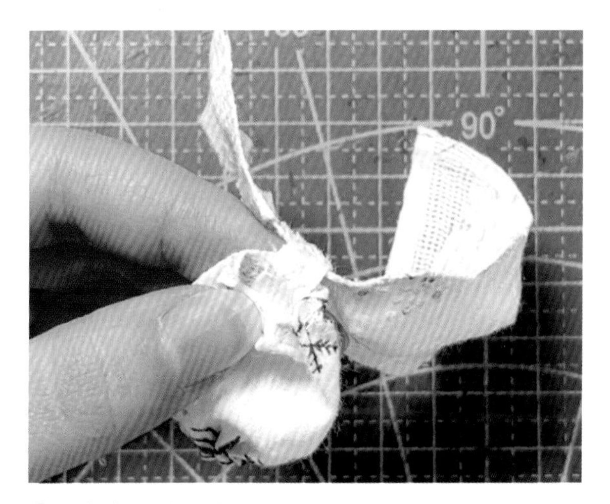

⑯把布条伸到袖筒里面缝上。

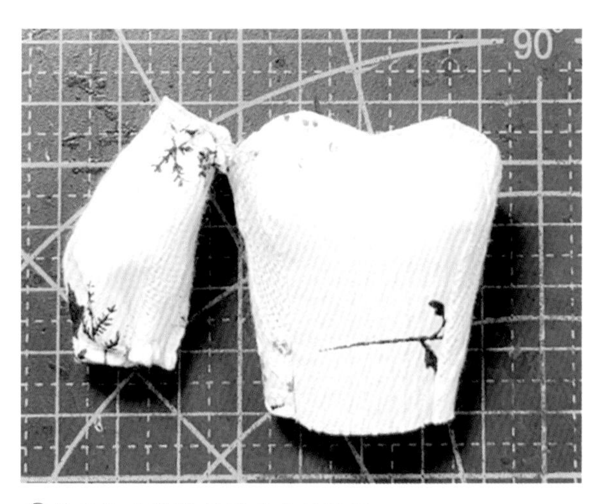

⑰袖子和衣服连接的完成效果图。

4.4.2 外裙的制作

①按照纸样裁剪布片，布料单层平铺裁剪即可。裁剪数量为两份。

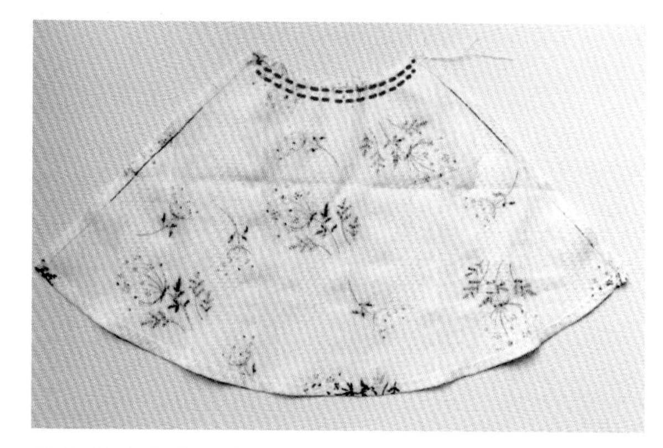

②将缝份部分用白乳胶折边，按照红线指示缝两条抽褶线。

③和上衣的腰围部分比较一下，调整褶皱，使其和上衣腰长一样。

④两份都进行折边和抽褶。

⑤将裙片与上衣正面对正面缝合起来，外裙制作完成。

4.4.3 内裙的制作

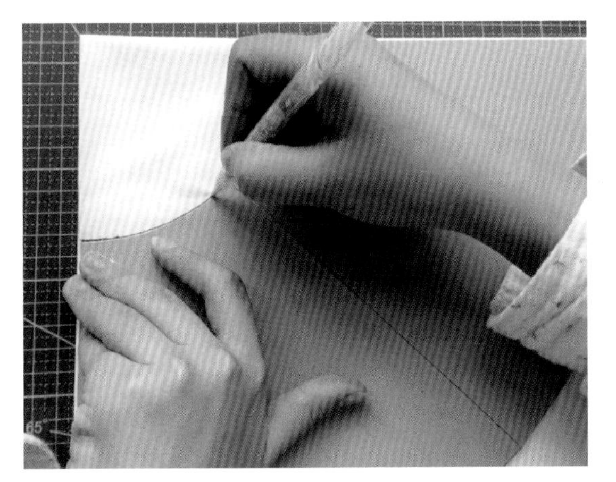

①将布料对折一次后按照纸样裁剪内裙的布片。

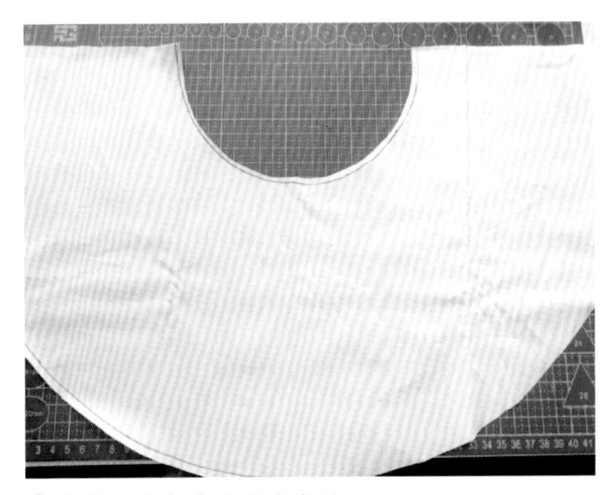

②裁剪好的布片效果为半圆。

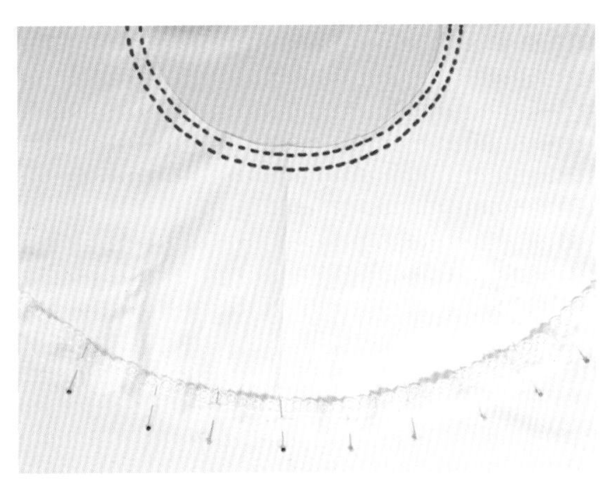

③将花边正面对裙片正面缝合，按照红色指示线缝两股抽褶线。

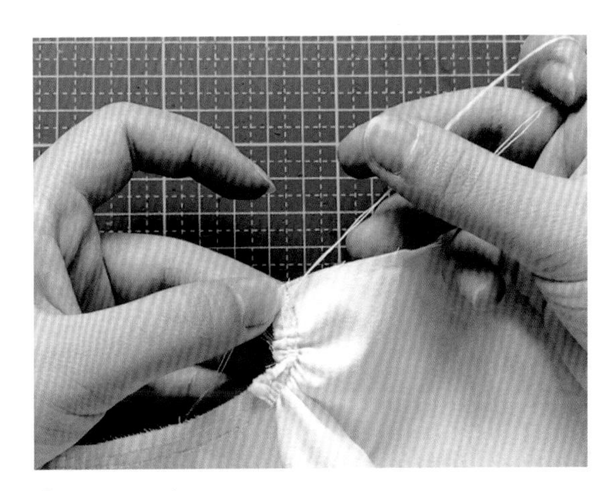

④给裙子腰部抽褶。

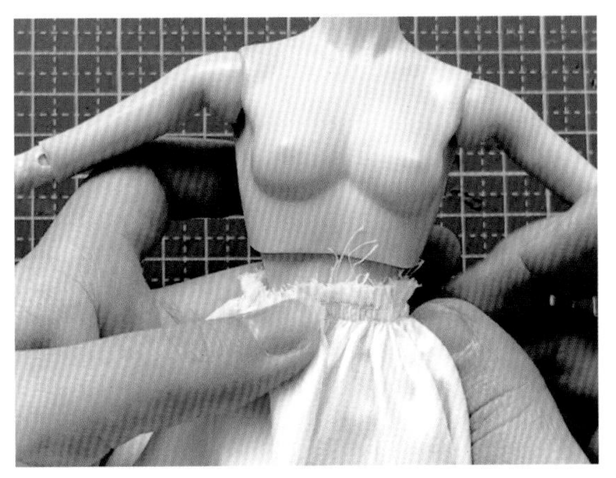

⑤将上衣的腰部和裙子的腰部作对比，调整裙子腰部的褶皱，使其尺寸和上衣相同，然后缝合。

4.4.4 组合

①将内裙和外裙的正面相贴，然后缝合。

②将裙子侧线缝合，接近腰部时预留 2~3 cm 的开口，方便给娃娃穿脱。

4.5 齐胸衫裙的制作

● **布料名称**

上衣：锦丝绉 – 凤仙红

裙子：金银丝雪纺绉 – 白色

飘带：锦丝绉 – 浅青色

系带：3 mm 雪纱带 – 水玉色、皮粉色

内衬：纯棉布 – 白色

腰带：纯棉布 – 白色

● **娃娃品牌：**可儿

4.5.1 上衣的制作

①按照纸样在锦丝绉雪纺的布料上裁剪出上衣的布片。

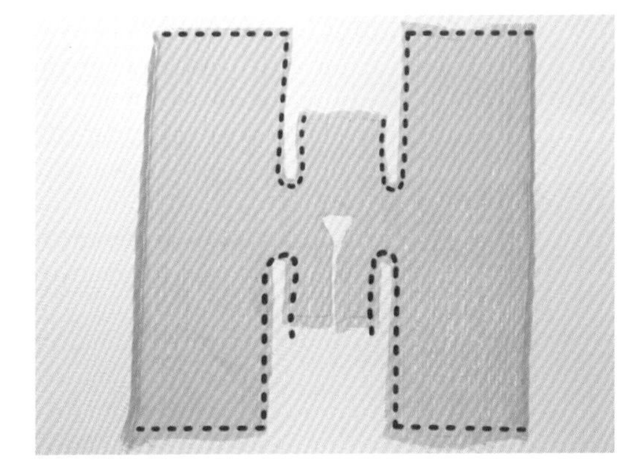

②用鱼骨刺给袖子的外边缘锁边，锁边完成之后按照红线指示对折缝合。

轻薄面料锁边技巧如下。

①将布料放置于鱼骨刺的下方，把布料的边缘和鱼骨刺的宽边对齐，然后开始用缝纫机进行第一遍缝纫。

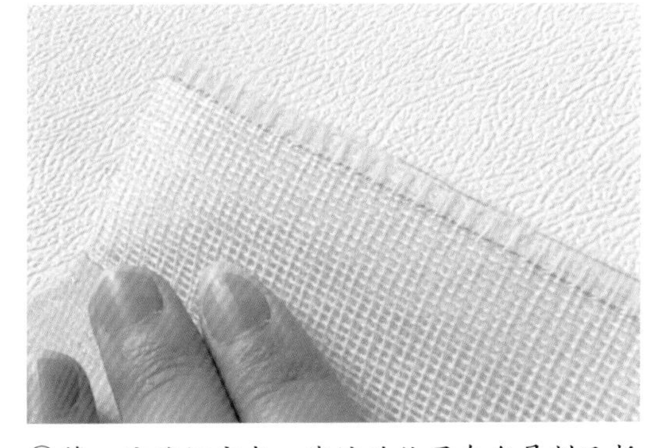

②第一遍缝纫完成，线迹的位置在鱼骨刺已折线的部分，注意不要缝到未折线的地方，这样会导致布料锁边完成以后取不下来。

③把两端的线头打好结，将布料轻轻拉出。

④折过来盖住刚才缝纫的地方，然后用缝纫机进行第二次缝纫。

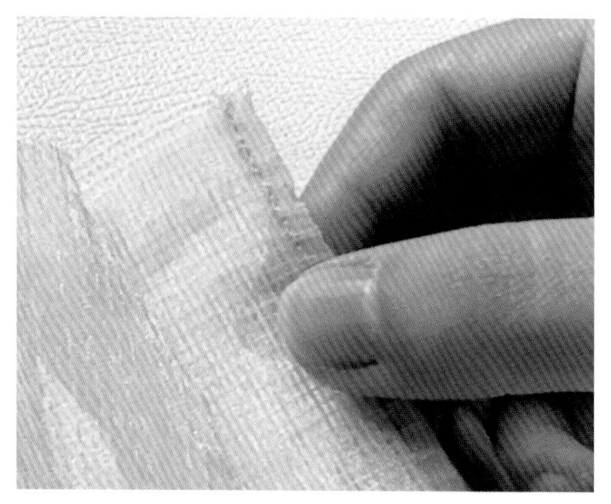

⑤两次缝纫的线迹需要基本保持在一条线上。

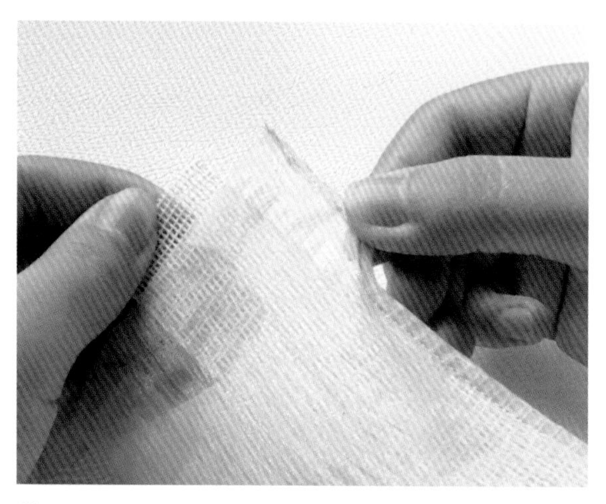

⑥缝纫完成之后记得将两头的线打结，用手捏住锁好的边轻轻取下。

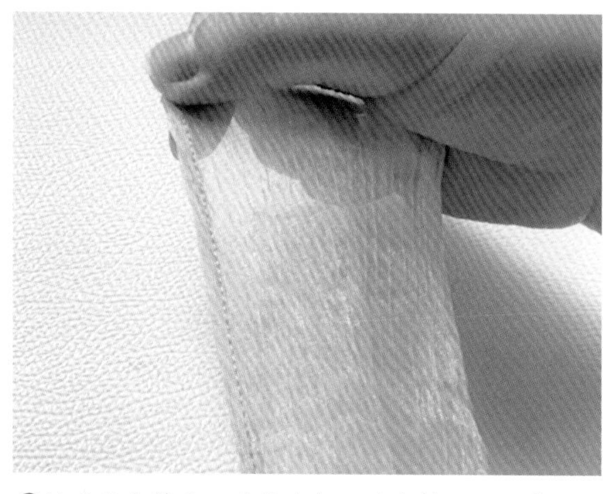

⑦纱质的布料是几种较难驾驭的布料之一，建议新手一定要先用废料练习至熟练之后再进行操作。

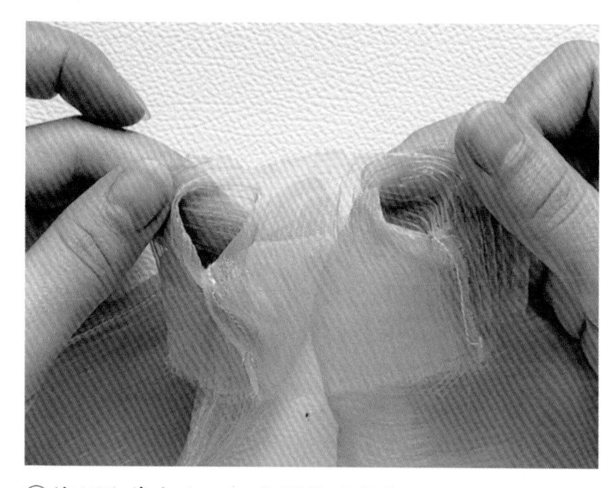

⑧将领边剪出小口，方便粘贴衣领。

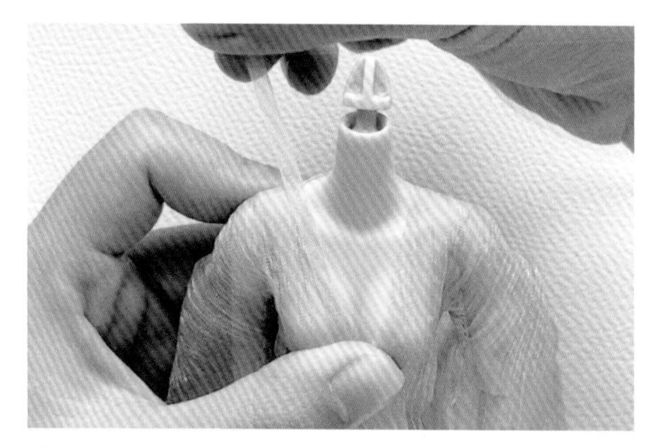

⑨把衣服给娃娃穿上，在剪出缺口的领边涂抹适量白乳胶，然后粘贴领条。

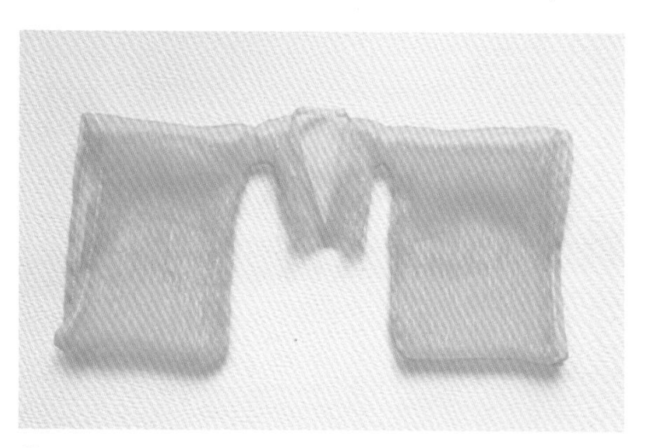

⑩用熨斗将各个缝份熨烫平整，上衣制作完成。

4.5.2 裙子的制作

①准备一条 40 cm 长的银丝雪纺绉，在红线位置缝上两股抽褶线。

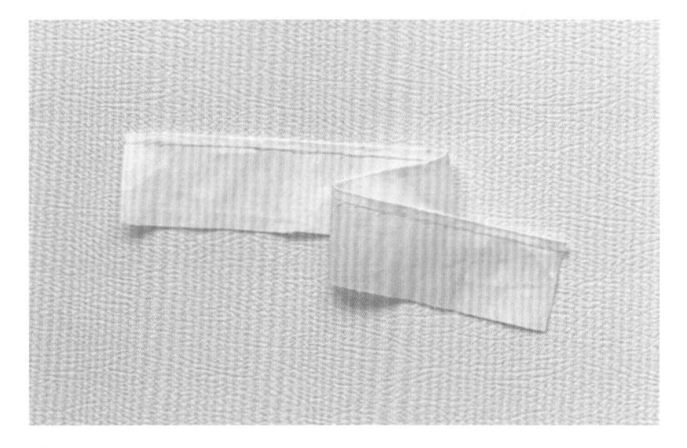

②准备一条比娃娃胸围长 3 cm 的折边布条，宽度是娃娃腋下至胸部的距离。

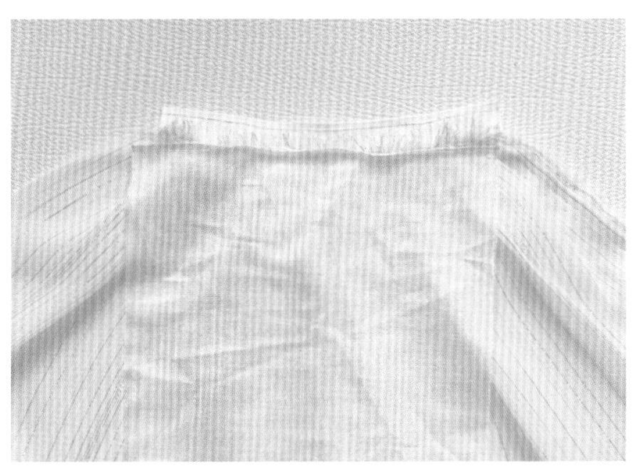

③将布条放在最下方，然后放上银丝雪纺绉的下裙，最后放上长方形弹力布。因为雪纺绉是透明材质，这样可以防走光。

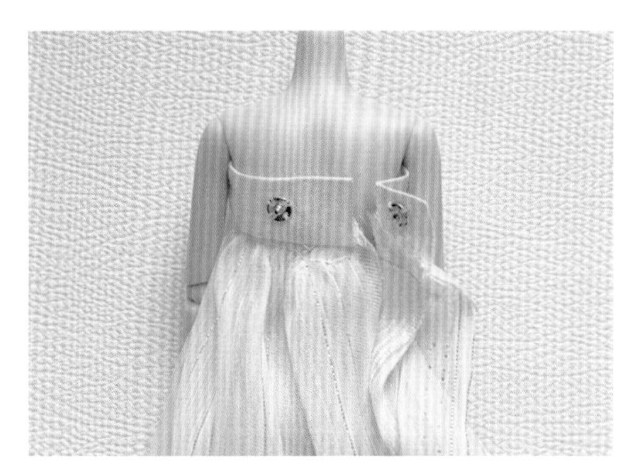

④将制作完成的下裙翻过来，熨烫平整，在背后缝上暗扣。

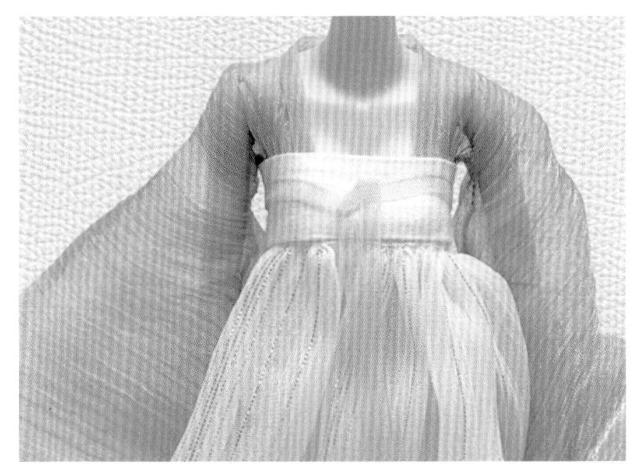

⑤将上衣和裙子穿戴好，在前胸系上纱带，在胸前打一个结，用熨斗熨烫一下就会平整。

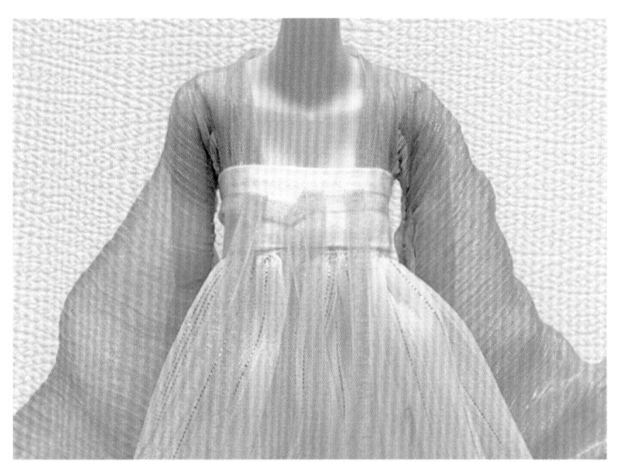

⑥为给服装增加细节，可添加两条粉色纱带，用白乳胶固定。

第2篇 娃娃造型设计实战

第5章

清新少女风

深蓝的裙摆搭配雪白的衬衣和围裙，明显的明暗对比体现出两种布料各自的质感。

整个服装配色为冷色，妆容就偏暖一些，加上栗子色的头发作为过渡，使脸上的橘色腮红显得不那么突兀，再搭配一支红玫瑰作为点缀，一个穿着朴素简单的乡间少女形象便出现了。

5.1 妆面绘制

①基础打底工作做好以后，用浅咖色彩铅画出眼型、眉型的基本样式作为草稿。

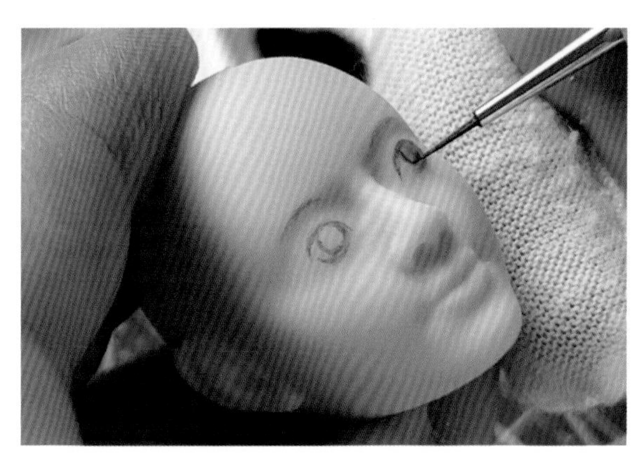

②将咖色丙烯颜料加水稀释，用面相笔平涂上第一遍色。

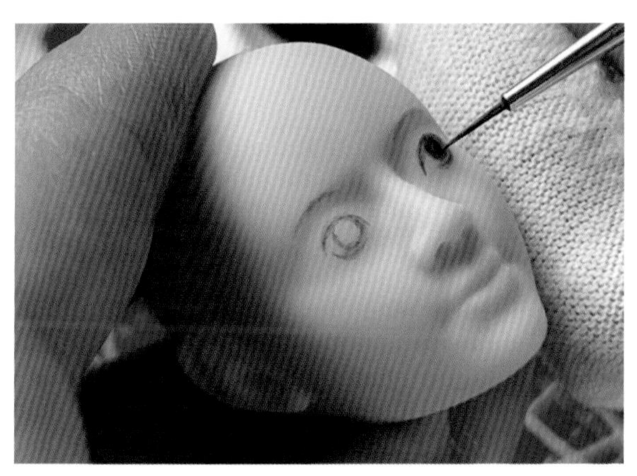

③等待第一次上色干燥以后，进行第二遍上色，重复此步骤，直至颜色达到自己满意的效果即可。

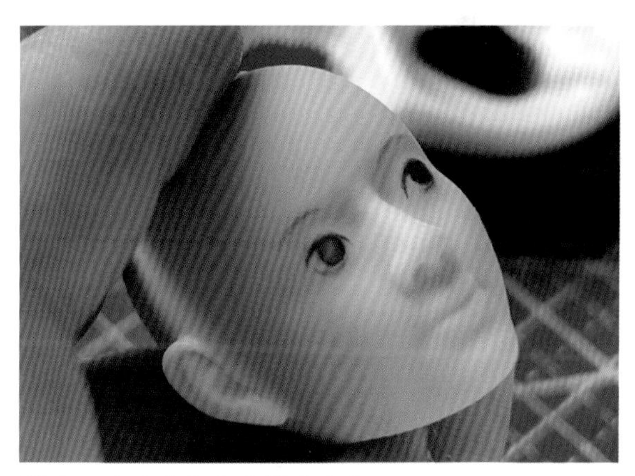

④另一边眼睛也是同样的画法。

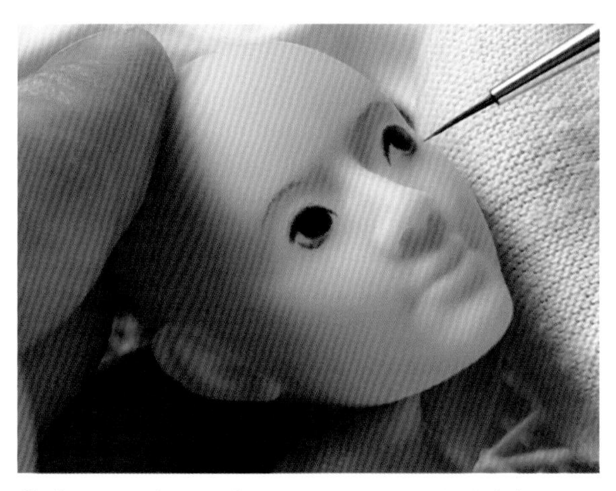

⑤蘸取浅咖色按照草稿画下眼睑，从内到外来描绘。

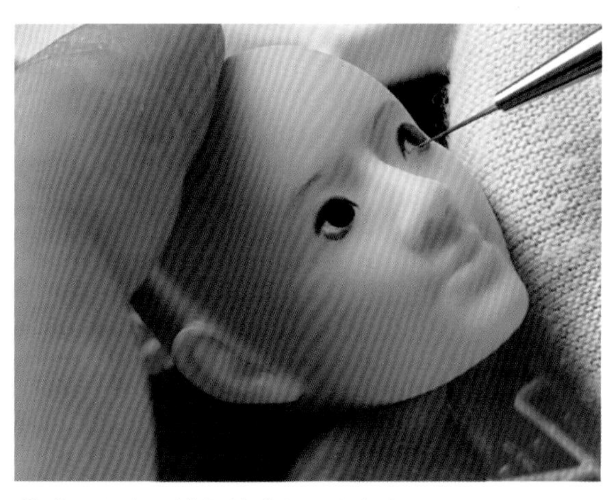

⑥蘸取白色丙烯颜料填充眼白部分。

⑦填充眼白时是调整娃娃眼神最佳的时机，它可以让眼睛更加清澈有神，也可以将眼珠涂抹多余的部分遮住。

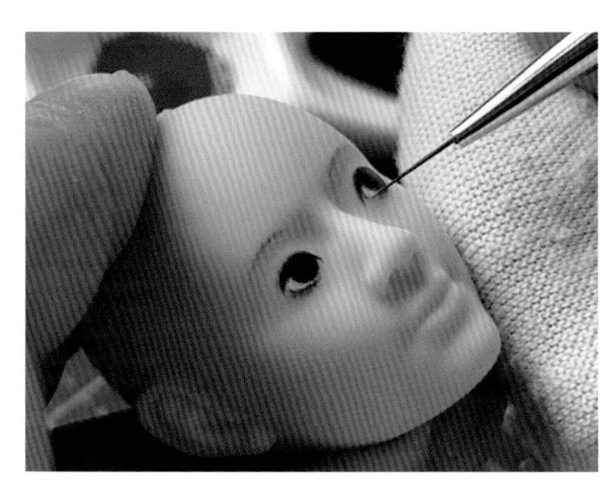

⑧蘸取较少的浅咖色丙烯颜料画下睫毛，然后逐次加深。

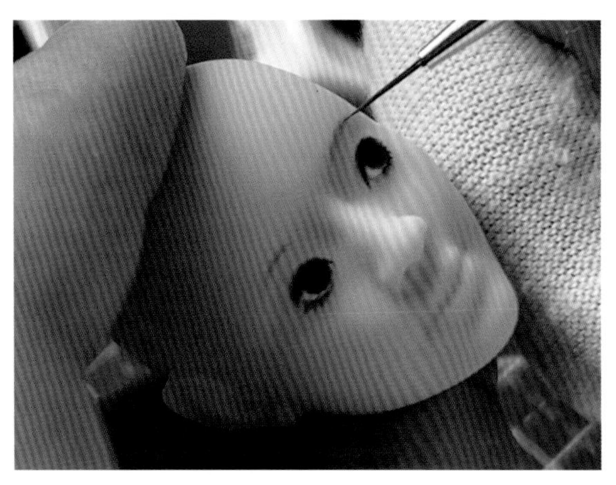

⑨蘸取浅咖色丙烯颜料从眉头开始，由下至上逐根画眉毛。

⑩眉头处的眉毛倾斜度较小，越往后眉毛的倾斜度越大。

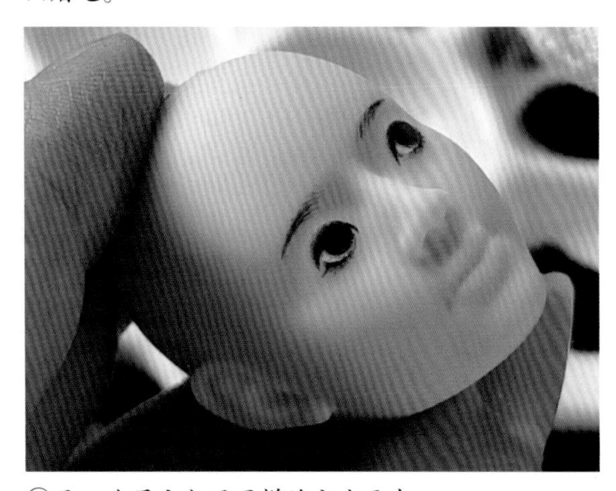

⑪另一边眉毛也用同样的方法画出。

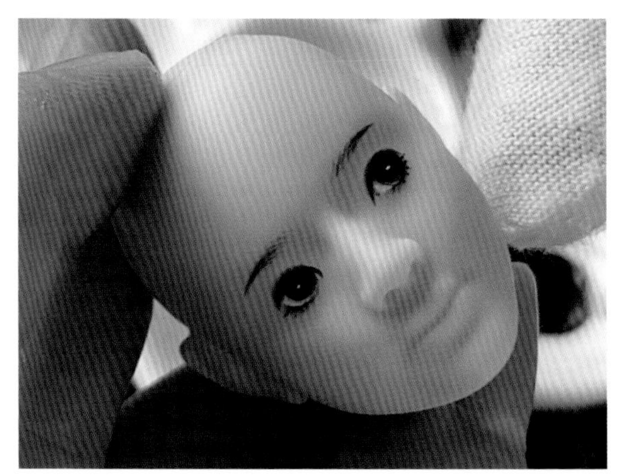

⑫再用浅咖色丙烯颜料描绘眉毛的中部和尾部，逐层描绘，这样可以加深颜色。

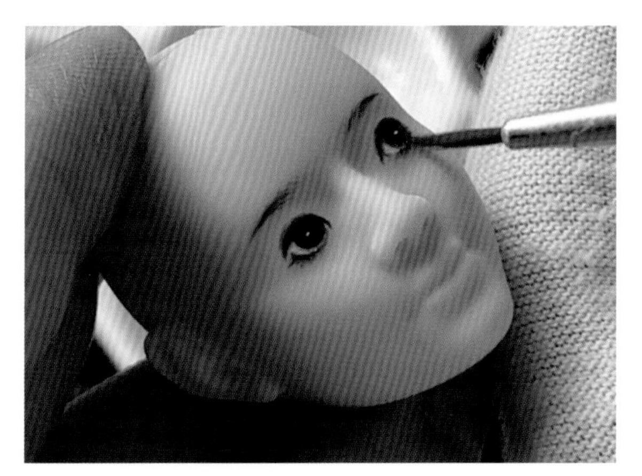

⑬用小号色粉刷蘸红色色粉涂抹下眼睑，少量多次。

⑭涂抹色粉后的效果图。

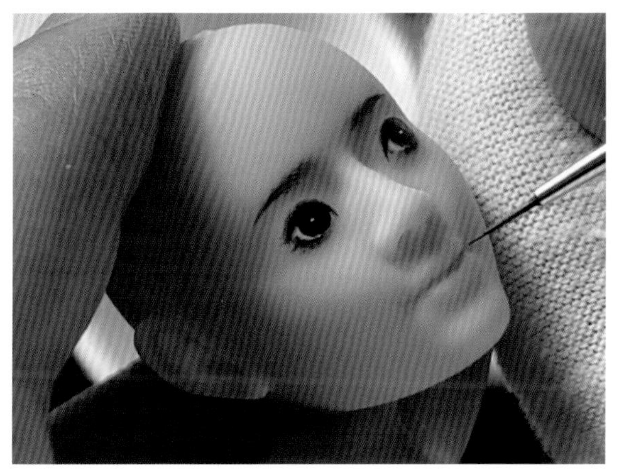

⑮蘸取红色丙烯颜料描绘双唇的中间线，会让双唇的颜色变化更加自然。

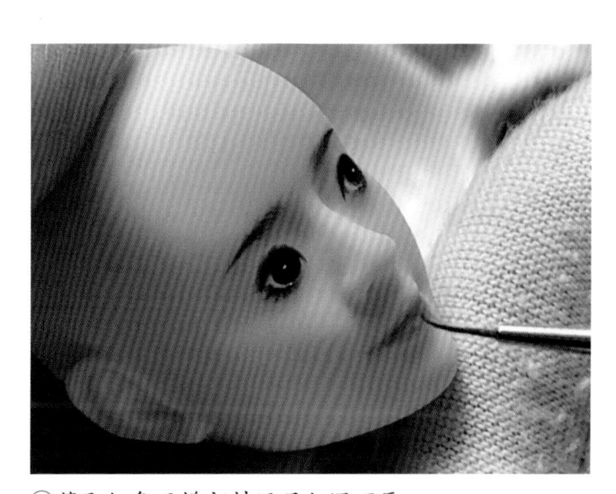

⑯蘸取红色丙烯颜料逐层加深下唇。

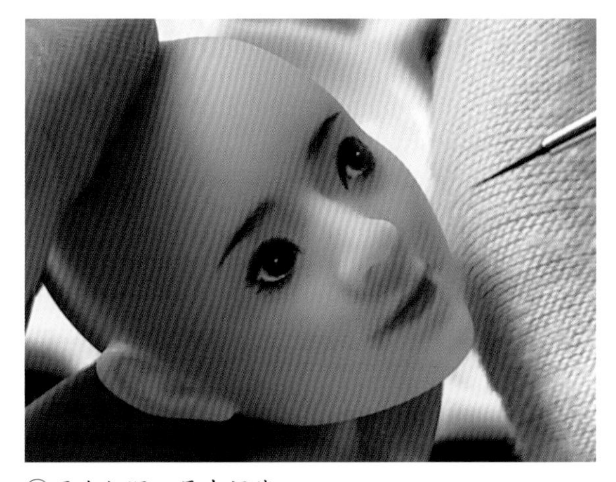

⑰再次加深双唇中间线。

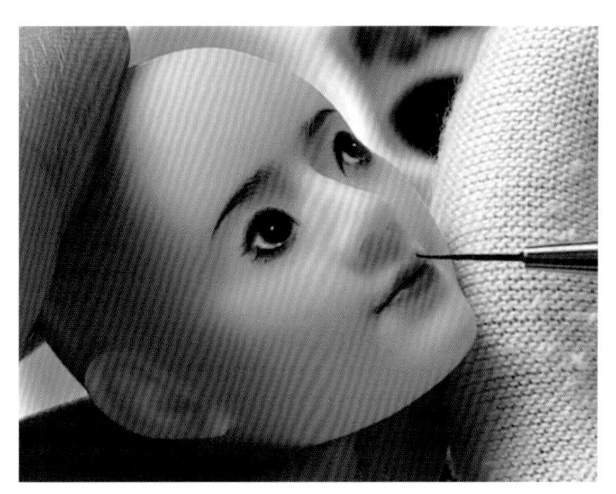

⑱用同样的方法画上唇，因为是抿嘴笑的唇型，所以上唇可以画得薄一些。

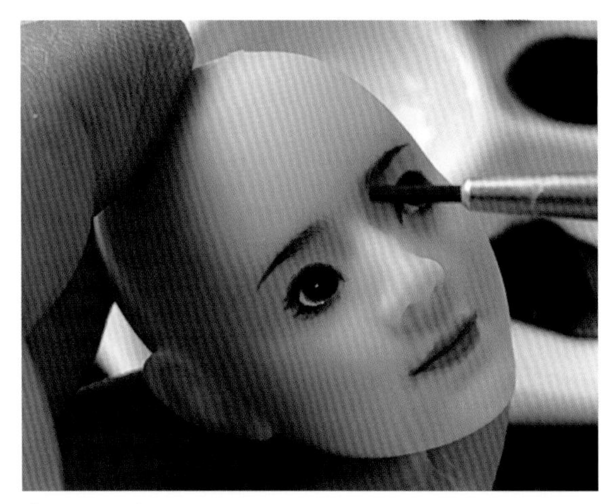

⑲用小号色粉刷蘸取浅咖色或者深红色色粉，由上至下画鼻影，鼻影最长不要超过眼角，少量多次。

⑳蘸取深红色色粉加深下唇的阴影。

㉑用中号色粉刷蘸取大红色色粉上腮红。

㉒鼻梁中间也可以稍微涂抹一点腮红，这样可以增加少女感。

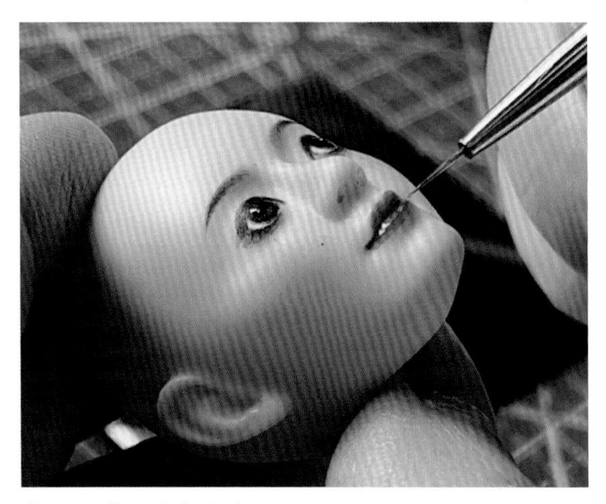

㉓给眼睛和唇部上光油。

5.2 发型的制作

①在做好的头壳上用铅笔画好头发分区。

②从下面开始，将发片分两边竖向粘贴。

③粘贴第二层。

④把前排发片也补上，前排的发片和发型篇的案例相同，也是横向粘贴。

⑤另一边也是同样的粘贴方法，直至贴满整个发套。

⑥将做好的顶发片粘贴至头顶。

⑦后面的头发也是一样的粘贴顶发，分两次粘贴会更容易一些。

⑧右侧粘贴完成效果。

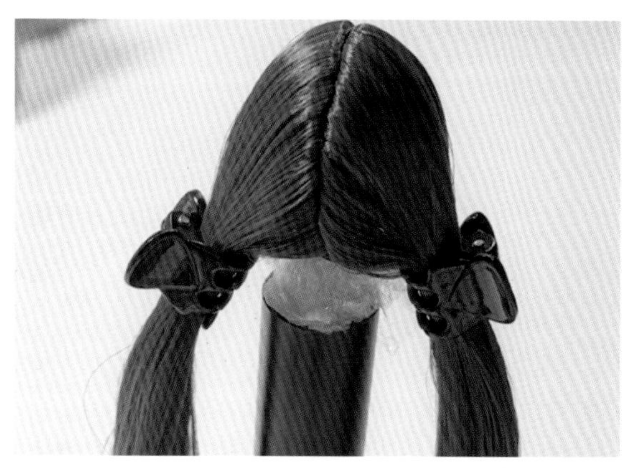

⑨左边也是相同的方法，粘贴完成之后梳理整齐，用抓夹夹好。

⑩用迷你梳子蘸水梳理，这样做是为了编发时不易起毛。

⑪开始编三股辫。

⑫编到耳朵下面时先用鸭嘴夹固定，把头顶的头发稍稍拉松一点，涂抹霹雳定型胶定型，等待干燥之后继续编完。

⑬编好的辫子末端用黑色铜丝缠绕固定，发梢修剪整齐。

⑭将发辫末端塞入另一边的头发下面。

⑮用热熔胶固定，这样比较方便和牢固。

⑯另一边用同样的方法固定。

⑰发型制作完成效果。

5.3 服装的制作

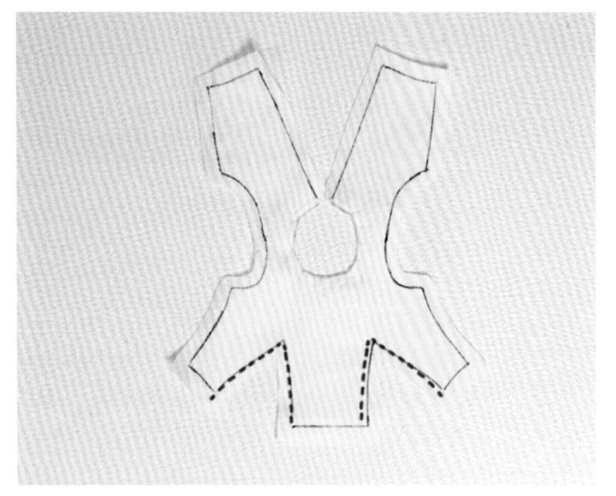

①按照纸样裁剪好衣服布片，根据红色指示线缝合。

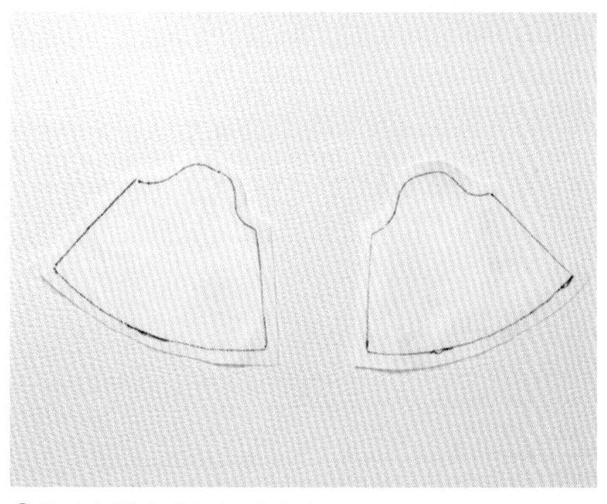

②按照纸样裁剪好袖子布片。

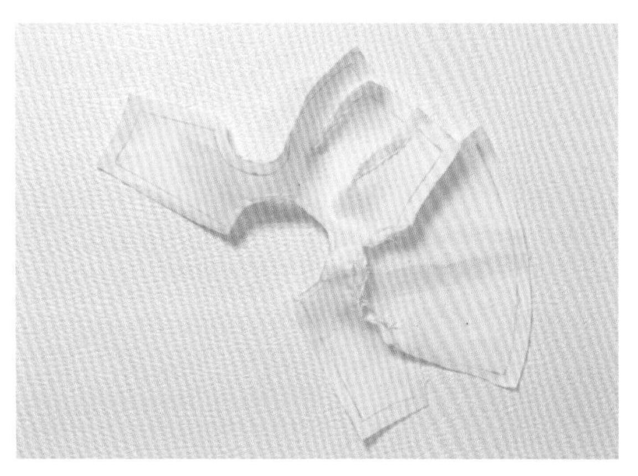

③将袖子和衣服袖洞正面对正面缝合。新手朋友如果觉得缝合有困难，可以将袖洞和袖子的缝份涂抹加水稀释的白乳胶，干了之后会比较容易缝纫。

④另一边也缝合好。

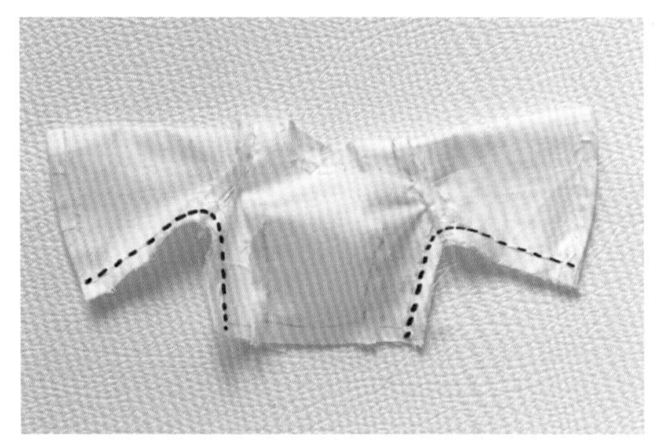

⑤按照红色指示线缝合。

⑥缝合完成之后翻过来，熨烫平整。

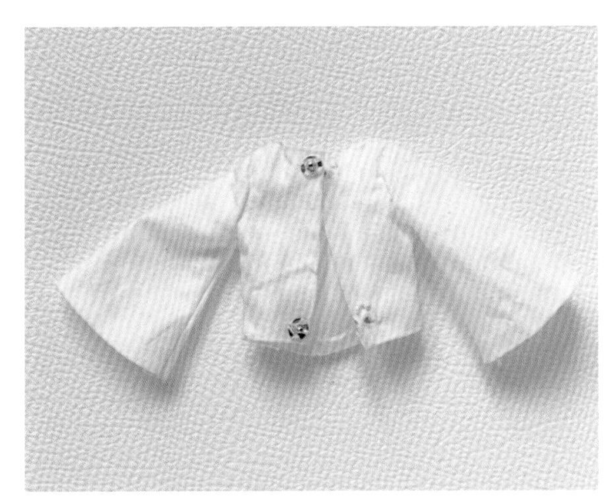

⑦先在顶端和末端缝上暗扣。

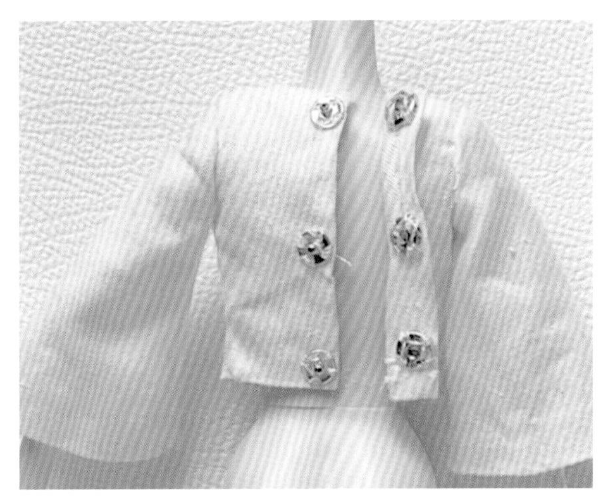

⑧再根据娃娃素体的情况看需不需要在中间加暗扣。

⑨用疏缝的方法给袖口缝褶皱花边。注：疏缝也就是针距较大的缝纫针法。

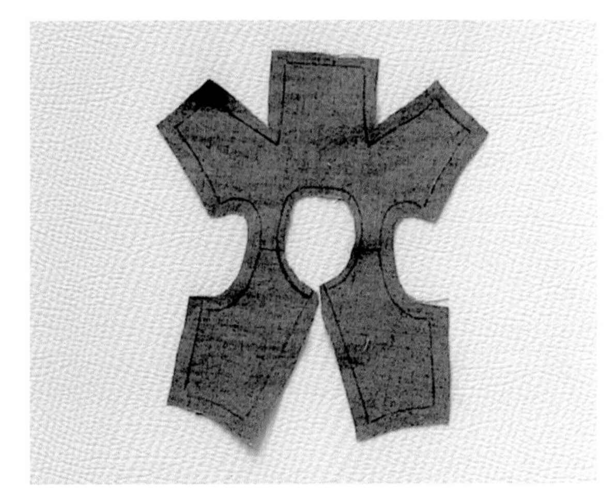

⑩根据纸样裁剪出外衣的布片。

⑪将领口和袖口剪出小口子。

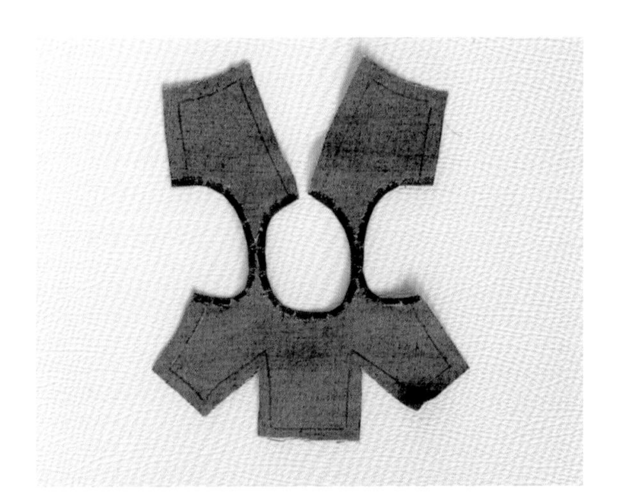

⑫用白乳胶折边。

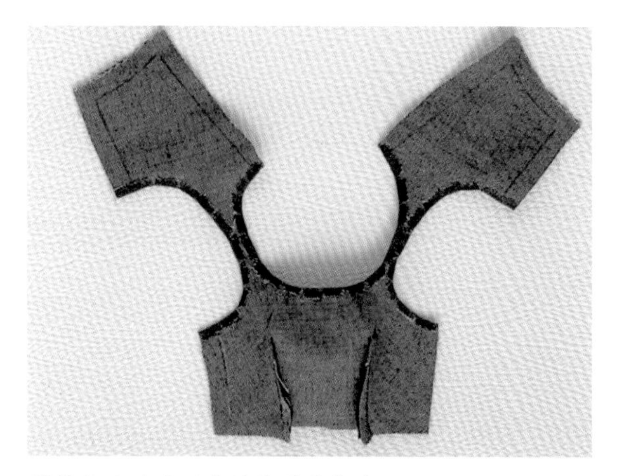

⑬将衣服前片两个缝份缝合起来。

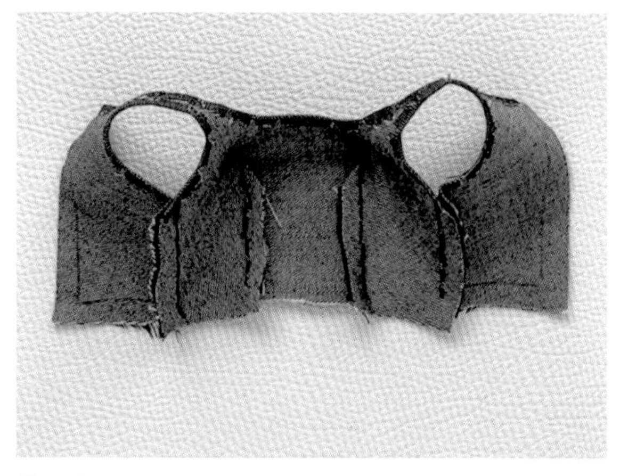

⑭将前片和后片的侧线缝合起来。

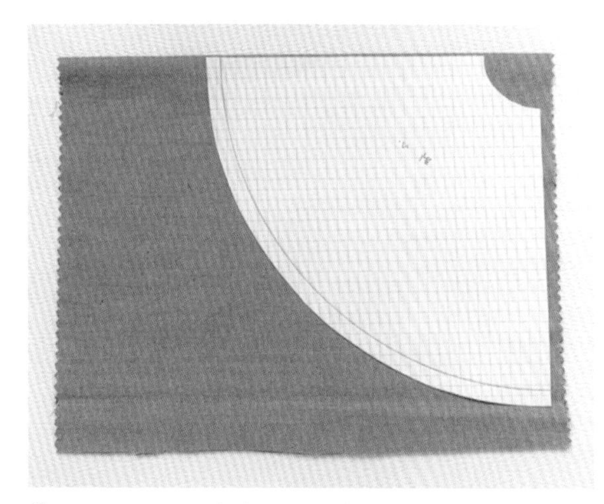

⑮根据裙子纸样裁剪，将布料对折一次即可。

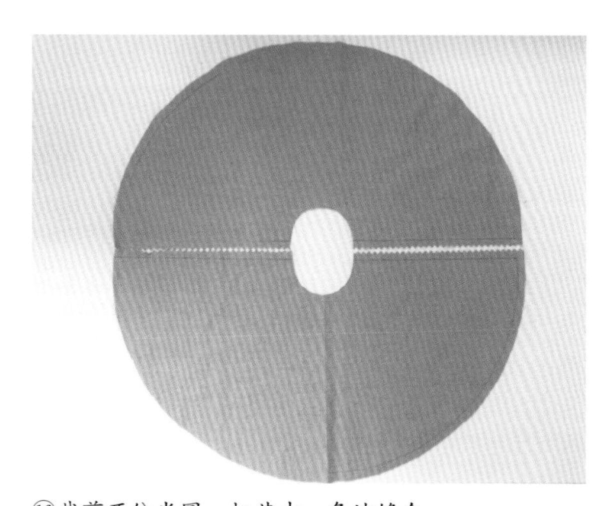

⑯裁剪两份半圆，把其中一条边缝合。

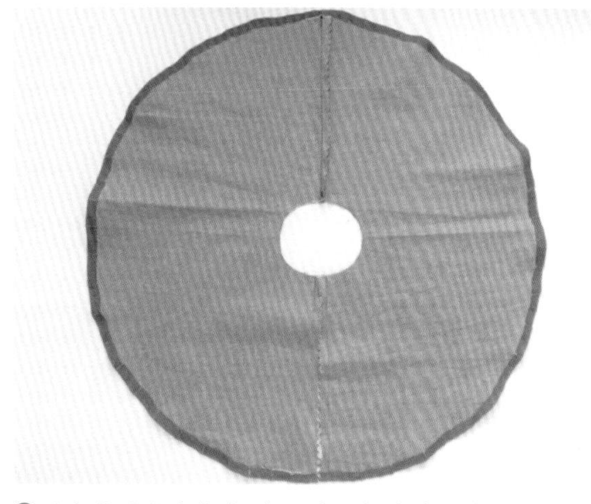

⑰用白乳胶给裙摆折边，圆形折边的方法和领子折边一样，先用剪刀剪出小口子。

⑱给腰部进行抽褶。

⑲将裙子腰围调整得和上衣一样，正面对正面进行缝合。

⑳给上衣缝上暗扣。

㉑将裙子的侧缝线缝合，接近上衣的部分记得预留 2~3 cm 的缺口，以方便娃娃穿脱。

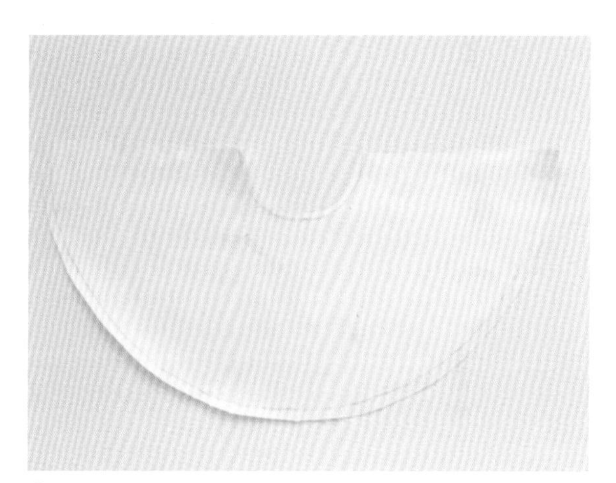

㉒裁剪一块长度为裙子的三分之二的半圆准备制作围裙。

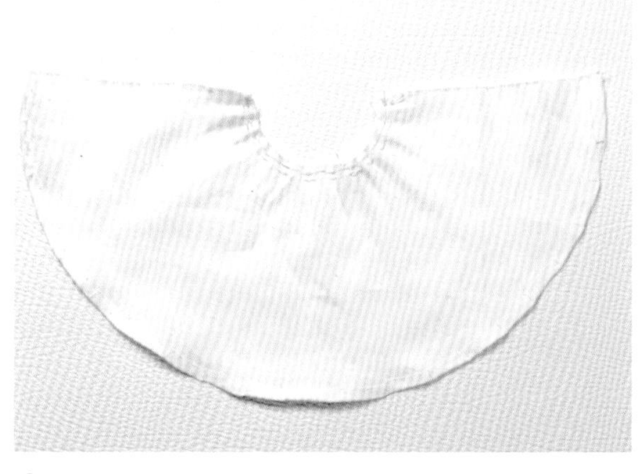

㉓外边用白乳胶折边，腰部缝上双线进行抽褶。

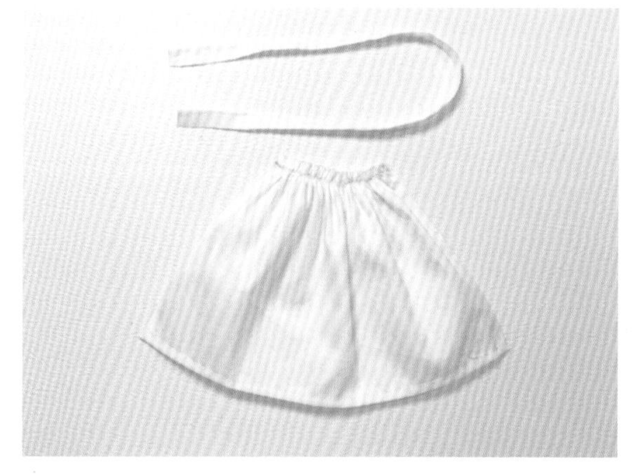

㉔将抽褶完成的围裙和带子缝合即可完成制作。

第6章

古典中国风

本案例的整个服装色系只有三个：红、白、黑。当我们不知道如何配色时，只要记住两条：第一，降低颜色饱和度；第二，服装的颜色不要超过三个。这样就可以轻松搭配服装颜色。

眼妆和唇妆与服饰使用的也是相同的色调。

6.1 妆面绘制

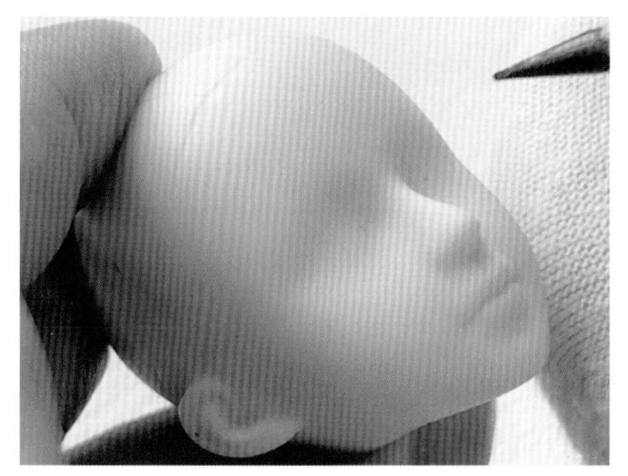

①做好打底工作之后，用浅咖色彩铅以打点的方式定位两眼之间的距离。

②根据定位画出眼型和眉型的草稿。

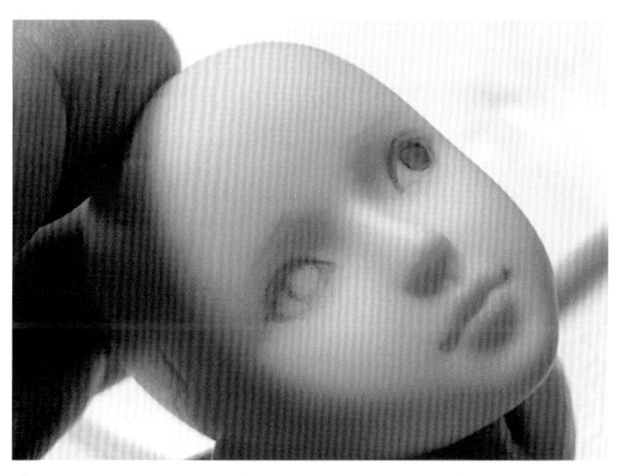

③将浅咖色丙烯颜料加水稀释后，用薄涂的方式逐层加深眼珠颜色。

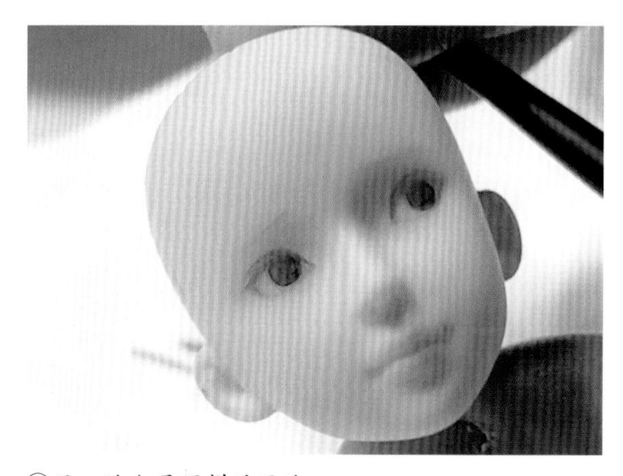

④另一边也是同样的画法。

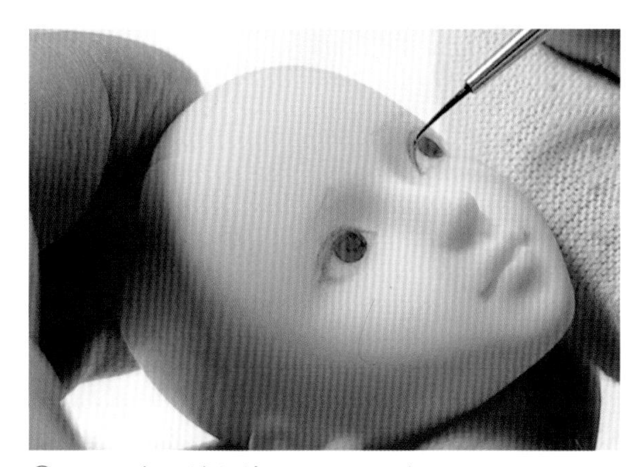

⑤用深咖色丙烯颜料开始画上眼线。

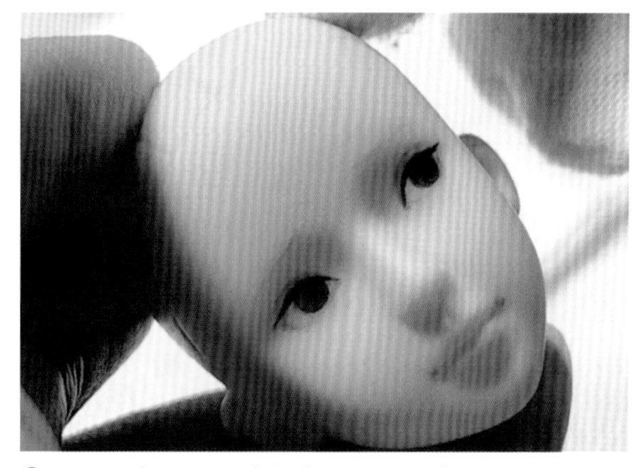

⑥用深咖色加深眼珠颜色，再用黑色点出瞳孔的大概位置。

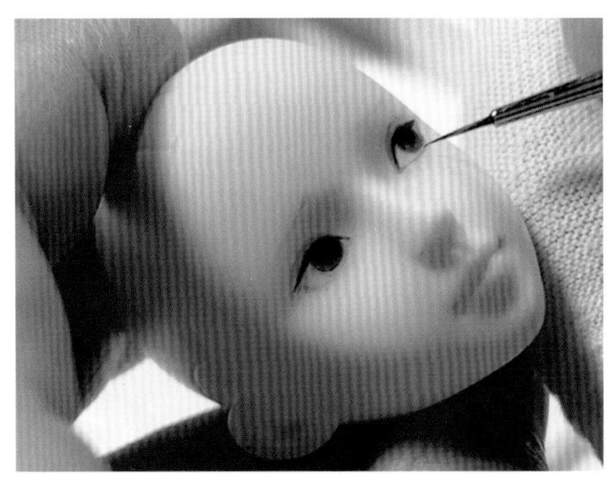

⑦用黑色丙烯颜料加深上眼线，浅咖色丙烯颜料加少量红色丙烯颜料调和，画下眼睑。

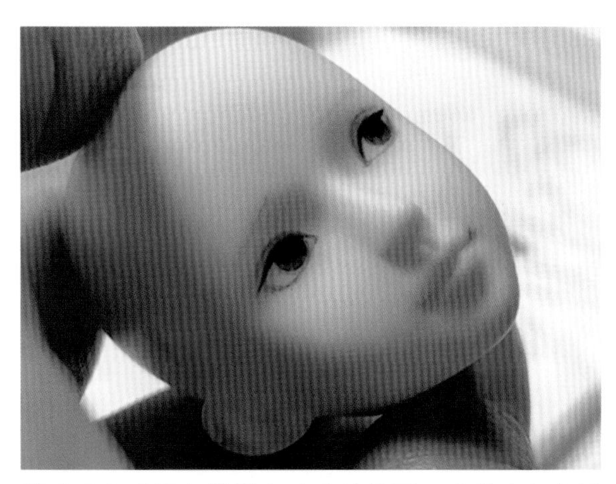

⑧用黑色丙烯颜料扩大瞳孔的范围，同样地加水调和得浅一些，少量多次逐层加深。

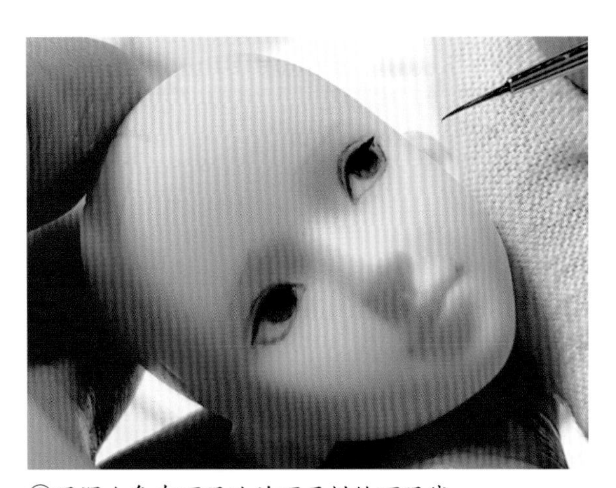

⑨用深咖色在下眼睑的下面描绘下眼线。

⑩用由内向外的笔法画出睫毛，先从眼尾开始画。

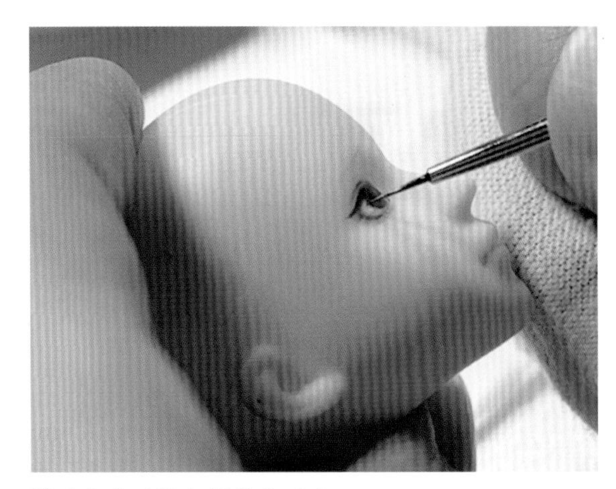

⑪用白色丙烯颜料填充眼白。

⑫蘸红色丙烯颜料在下眼睑加深，可多加一点水稀释，少量多次，逐层叠加。在瞳孔附近点上高光，高光不要太大，不然效果可能会适得其反。

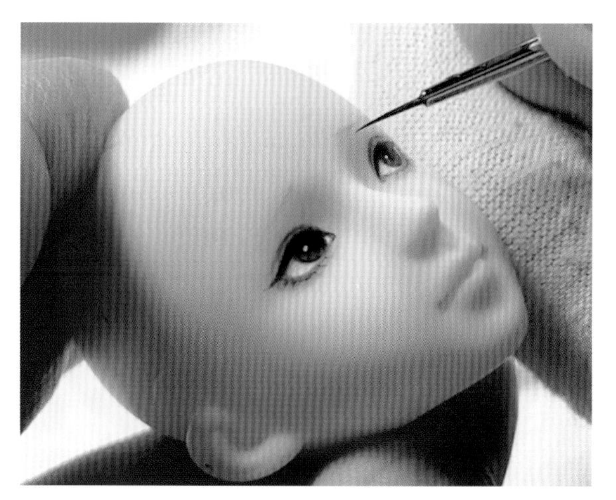

⑬蘸取浅咖色丙烯颜料开始画眉毛。

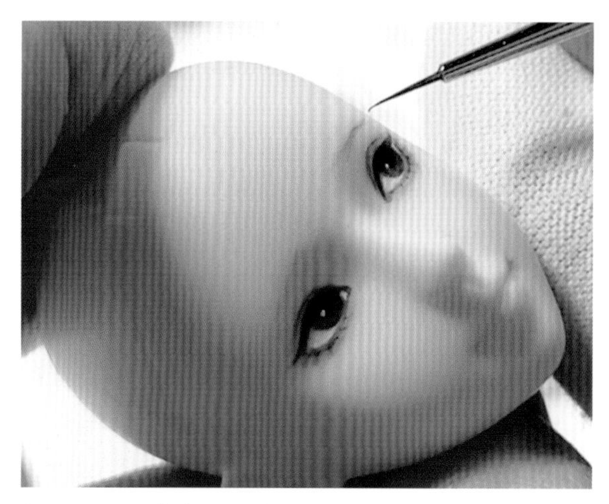

⑭加深眉毛中部和尾部的颜色，只需叠加 2~3 次颜色即可达到效果。

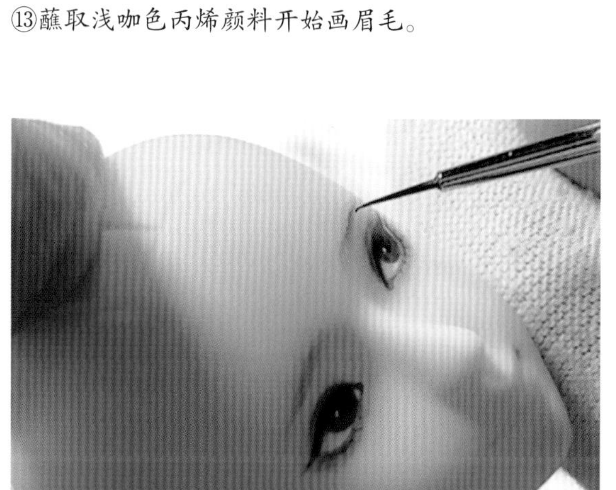

⑮再把眉毛从头至尾，细细地加深 1~2 遍。

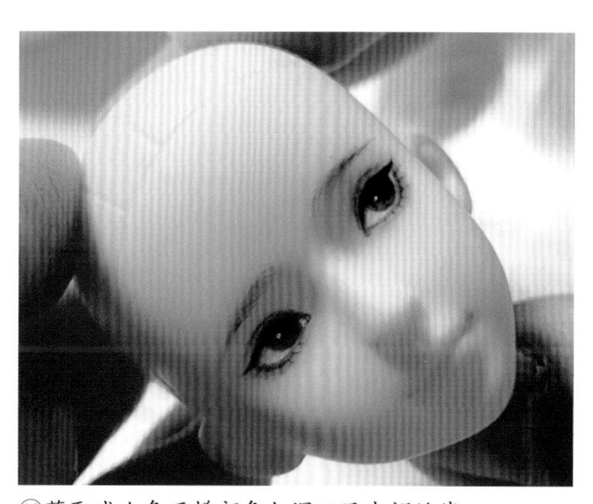

⑯蘸取浅咖色丙烯颜色加深双眼皮褶皱线。

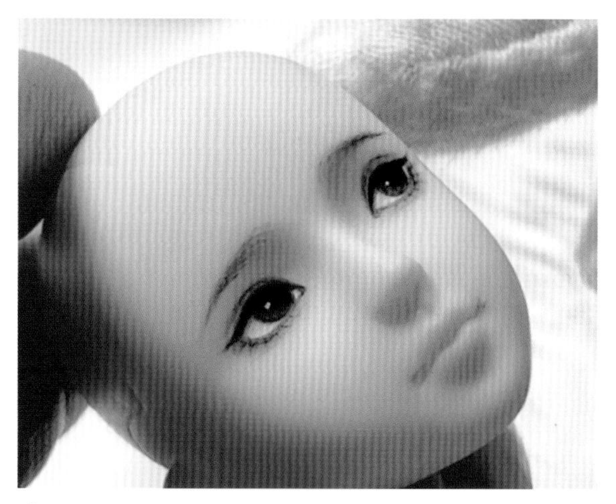

⑰用小号色粉刷从眉头至鼻梁添加鼻影。

⑱用深咖色加深双唇的中间线。

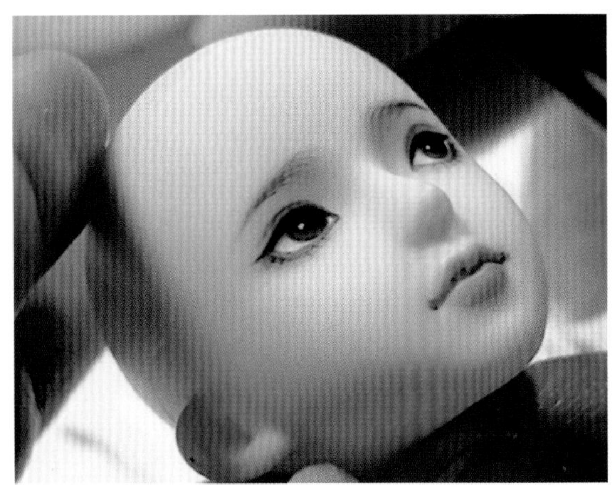

⑲将红色丙烯加水稀释得浅一些，用薄涂的方式画出基础唇型。

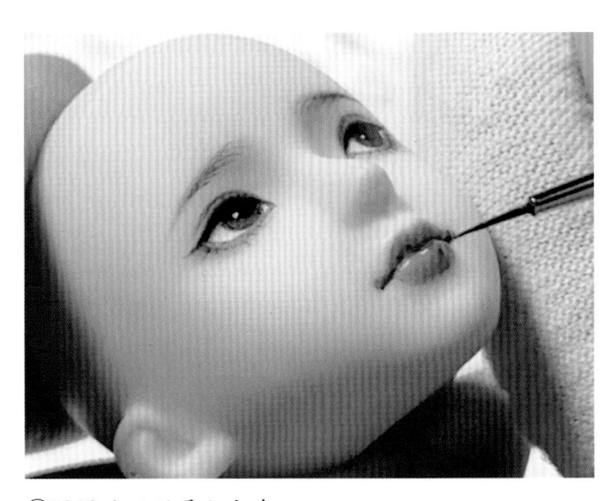

⑳慢慢地逐层叠加颜色。

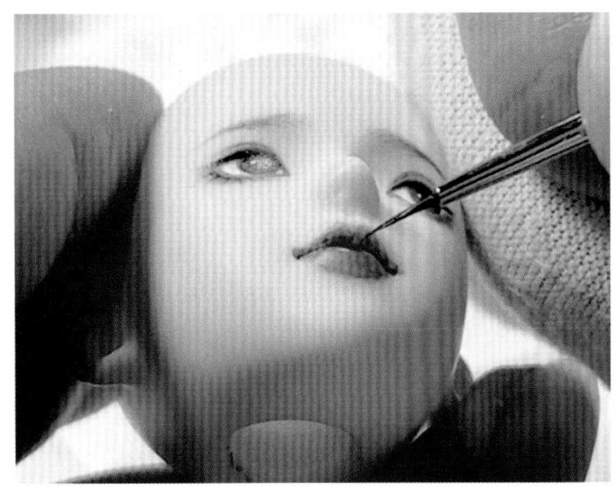

㉑蘸深一点的红色丙烯颜料，由外向内一笔一笔地加深唇色。

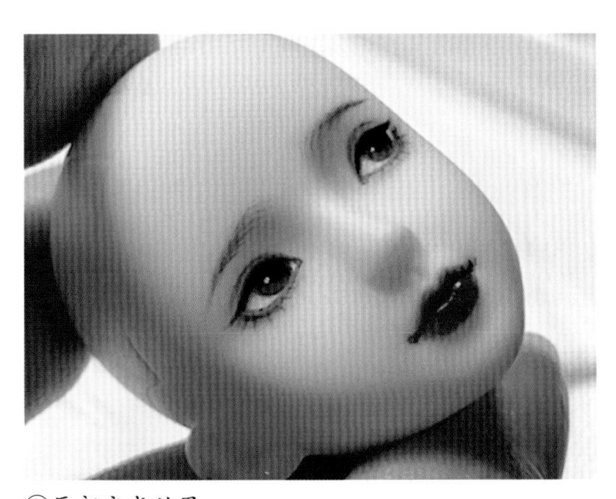

㉒唇部完成效果。

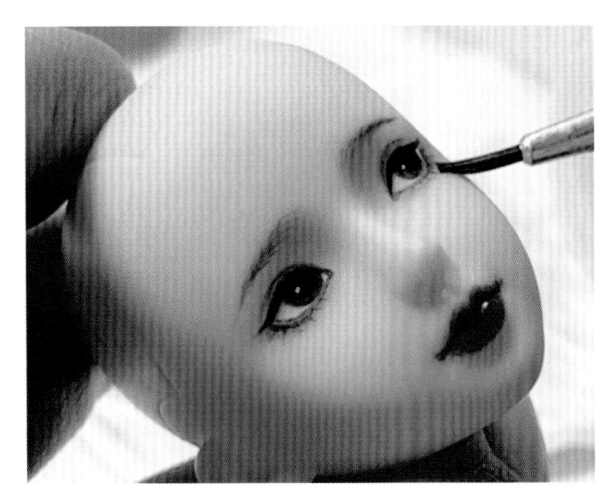

㉓用小号色粉刷蘸红色色粉来回涂抹下眼睑和上眼尾。

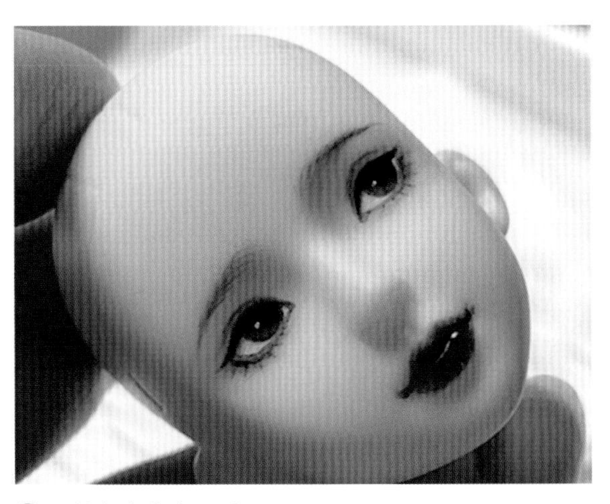

㉔眼影涂抹完成效果。

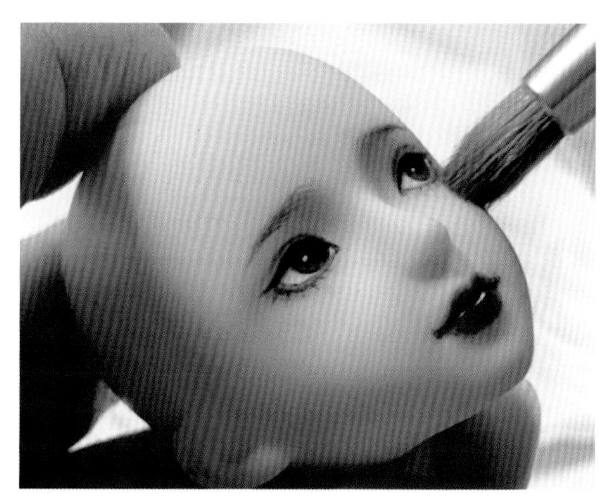

㉕用中号色粉刷蘸红色色粉涂抹腮红，腮红的位置高一些，和眼影融合在一起。

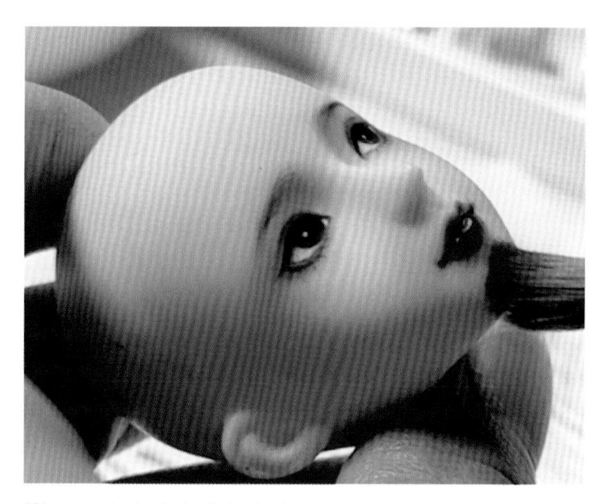

㉖下巴上涂抹少许红色色粉。

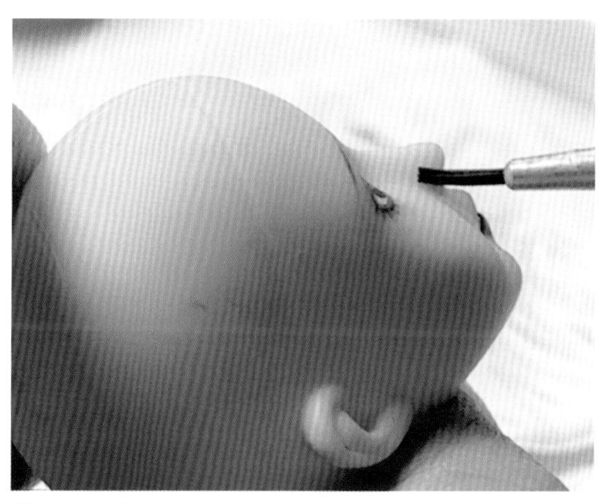

㉗用小号色粉刷蘸少许红色色粉，在鼻翼两侧涂抹。

㉘鼻孔也用浅咖色彩铅稍微加深一点。

㉙蘸取浅咖色丙烯颜料加深下唇阴影。

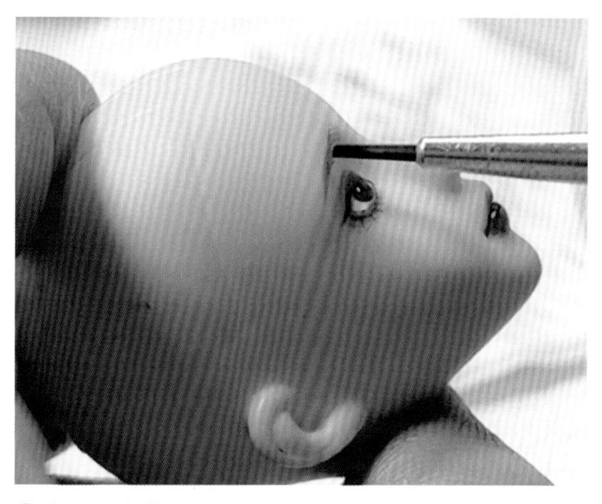

㉚蘸取黑色色粉加深一下眉毛中部的颜色。

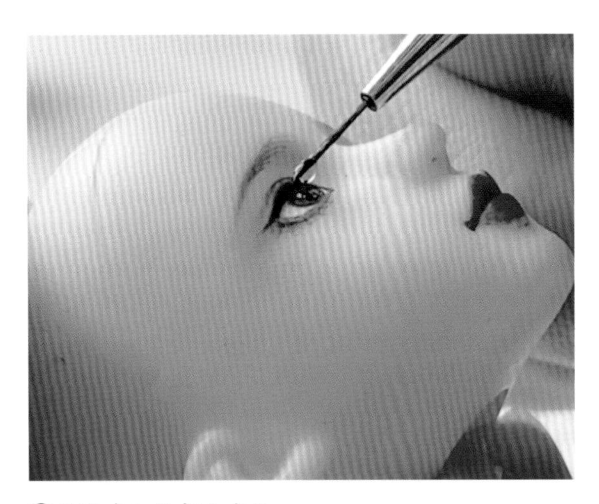

㉛给眼睛和唇部上光油。

㉜妆容完成效果。

6.2 发型的制作

①将做好的发壳涂上黑色。

②开始从耳朵附近粘贴第一层发排。

③粘贴第二层发排，耳朵上面的发片在粘贴时要注意往后，露出耳朵。

④粘贴一个鬓角。

⑤继续粘贴顶部发排。

⑥前排发排从两边粘贴。

⑦底发粘贴完成。

⑧在顶部涂抹霹雳造型胶。

⑨等待造型胶干燥后，前排两侧的头发也涂上造型胶。

⑩用鸭嘴夹固定，等待干燥。

⑪把干燥后的发片交叉用鸭嘴夹先夹住。

⑫用黑色铜丝固定。

⑬第一部分盘发完成效果。

⑭制作好的顶部发片效果。

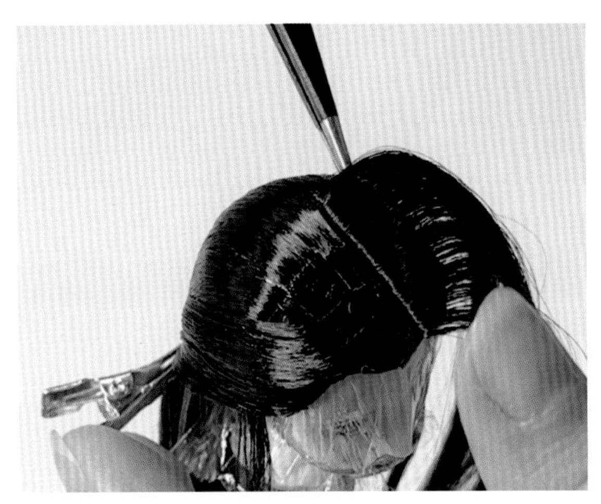

⑮粘贴顶部发片。

⑯顶部发片粘贴完成效果。

⑰涂抹上霹雳造型胶定型，用鸭嘴夹固定，等待干燥。

⑱另一边也用同样的方法操作。

⑲在3 mm厚的黑色eva泡沫板上画出发包的模子。

⑳对折增加厚度，中间涂上热熔胶粘贴。

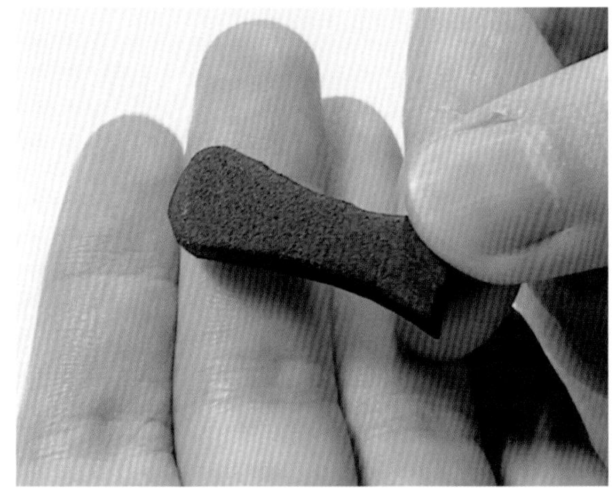

㉑将发包底模剪下来，修整边缘，使边缘尽量保持平滑，以便粘贴发片。

㉒在底部粘贴一片发片。

㉓在头发上涂抹霹雳造型胶,使头发不会轻易散开,成为片状。

㉔在发包底模上涂抹白乳胶。

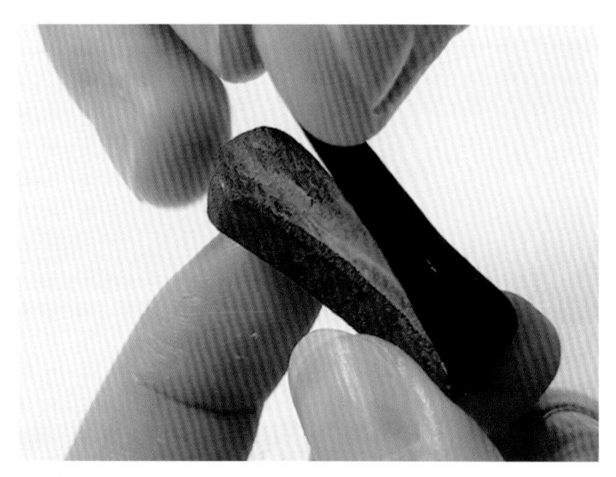

㉕在头发上的造型胶晾干之前将发片粘贴到底模上。

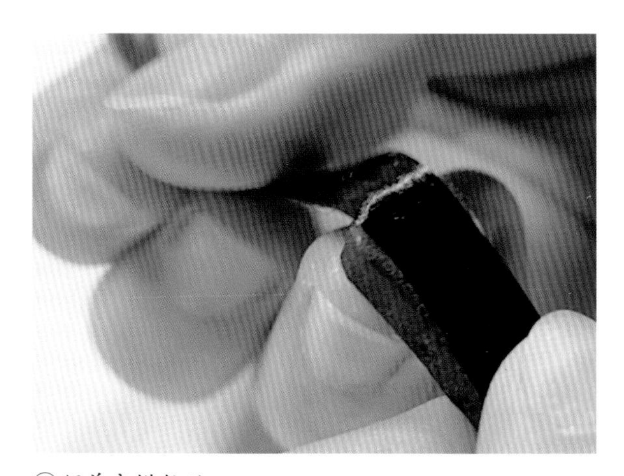

㉖顺着底模粘贴。

㉗用手将两侧按压平整。

㉘正面也按压平整，用针棒来擀压不容易起屑发白。

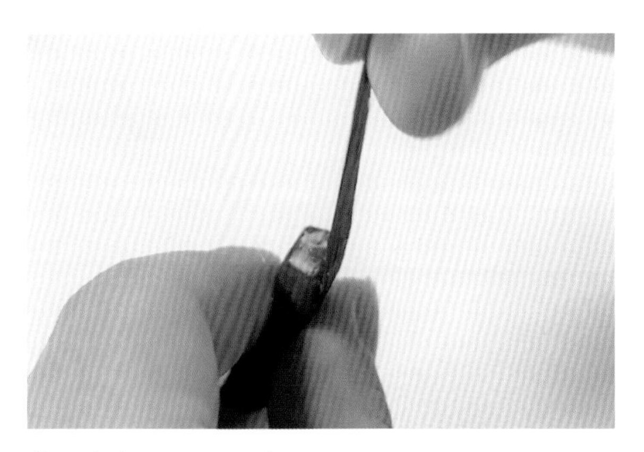

㉙用手将两侧按压平整。

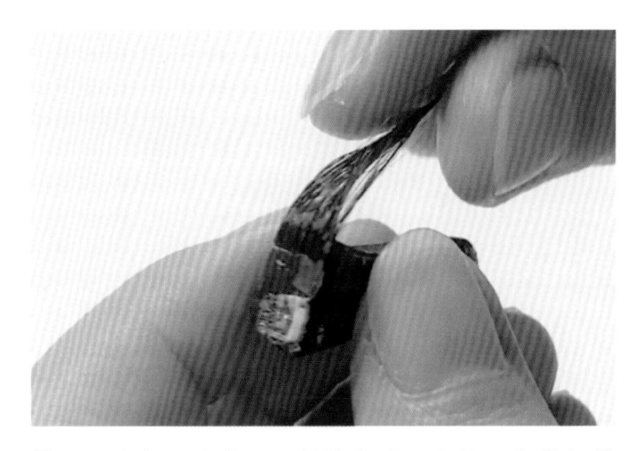

㉚正面也按压平整，用针棒来擀压比较不容易起屑发白。

㉛将发片绕到底部后，用剪刀剪去多余的部分，然后涂抹白乳胶粘贴收尾。

㉜在底部粘贴发片，然后开始缠绕侧面的发片。

㉝侧发也使用同样的粘贴方式，绕底模侧面一周后再在底部收尾。

㉞发包完成，如果在制作过程中有发白起屑现象，先不用着急，等发包制作完成之后用针棒蘸水涂抹即可消除。

㉟用黑色铜丝缠绕扎好发尾，在头顶挤上少量热熔胶。

㊱把发片搭上去，这里注意热熔胶干的很快，需在整理好发片之后再挤热熔胶，挤胶之后立即粘贴发片。

㊲按压一下，使发片牢固。

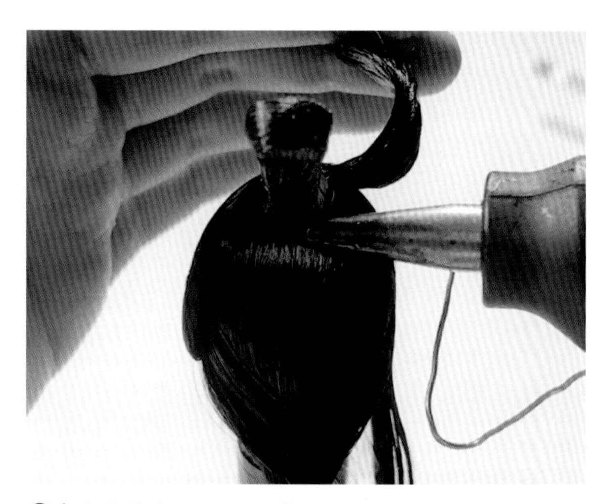

㊳在发包底部周围一圈挤上热熔胶。

㊴将发片围着发包底部缠绕。

㊵将末端多余的部分剪掉。

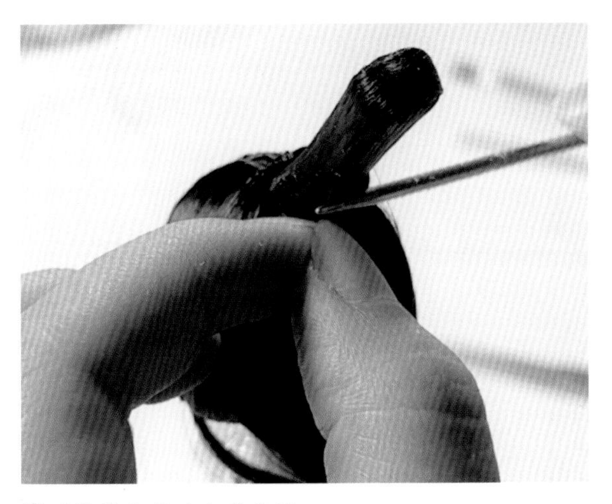

㊵用热熔胶粘贴末端收尾。

㊶将后面的头发用黑色铜丝扎起来，发型即可完成制作。

6.3 服装的制作

①将纯棉布料按照纸样裁剪好。

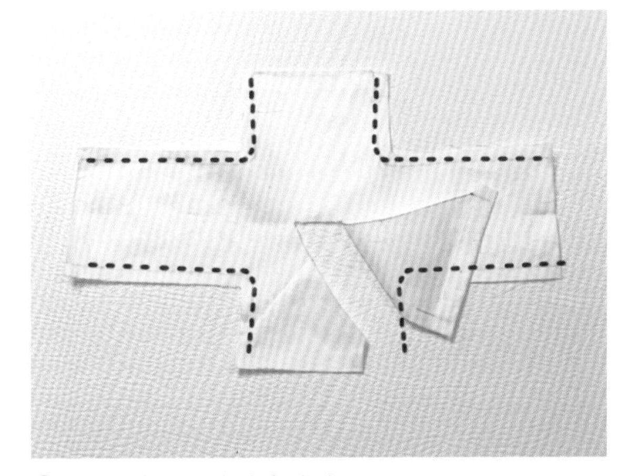

②按照红色指示线将布片对折缝纫。

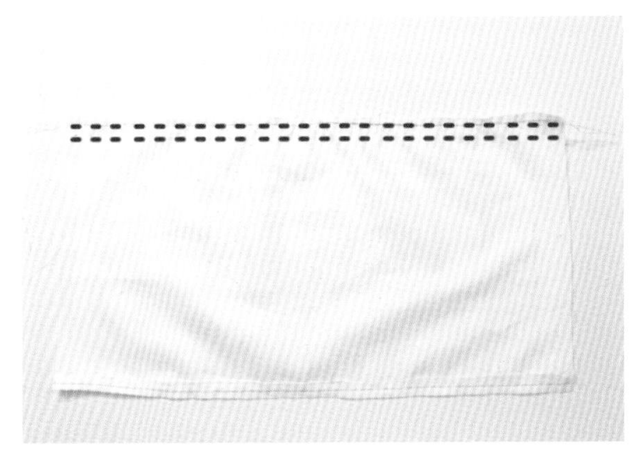

③准备一块长度为 40 cm 的长方形布片，宽度为娃娃的腰部到脚踝的距离，按照红色指示线缝上抽褶线。

④根据娃娃的腰围来调整裙子的腰长，在腰部缝上暗扣，不需要将侧线缝起来。

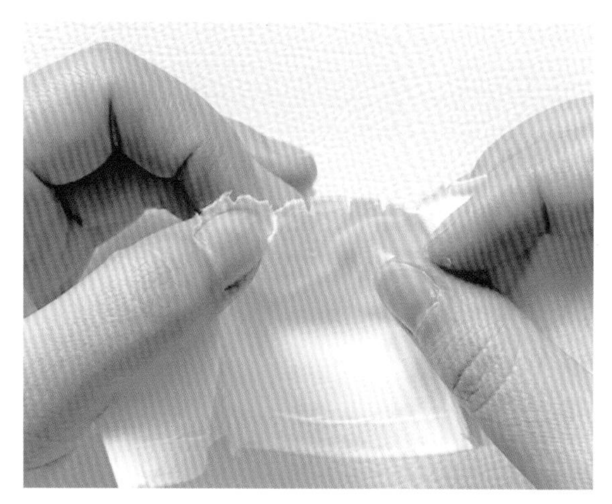

⑤在衣领周围剪出小口方便粘贴领子。

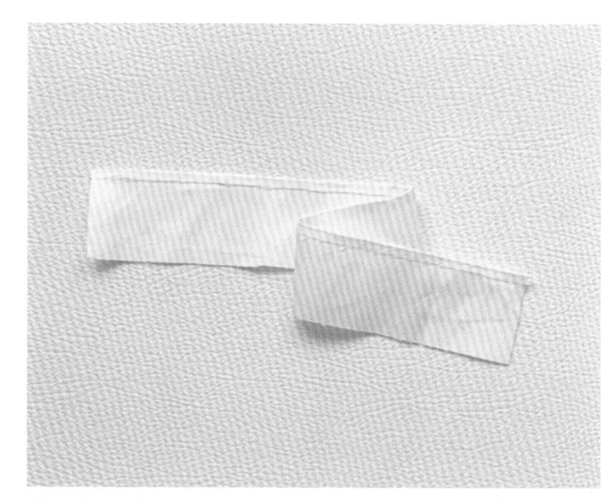

⑥准备一条折好一边的领条，宽 3 cm 左右。

⑦把衣服穿到娃娃身上，在衣领边上涂抹白乳胶，粘贴领条。

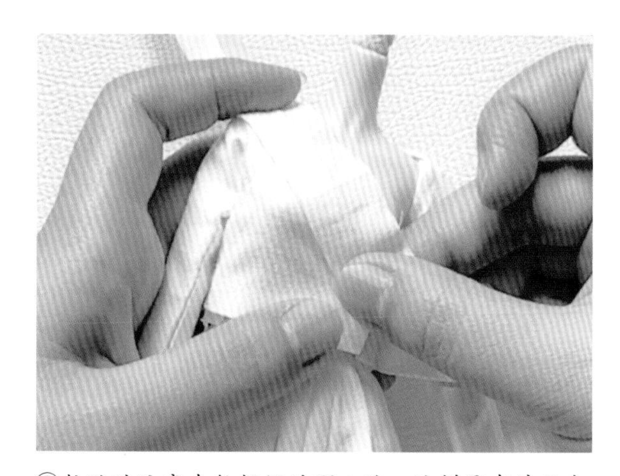

⑧粘贴时注意先粘折好的那一边，这样露在外面会比较美观。

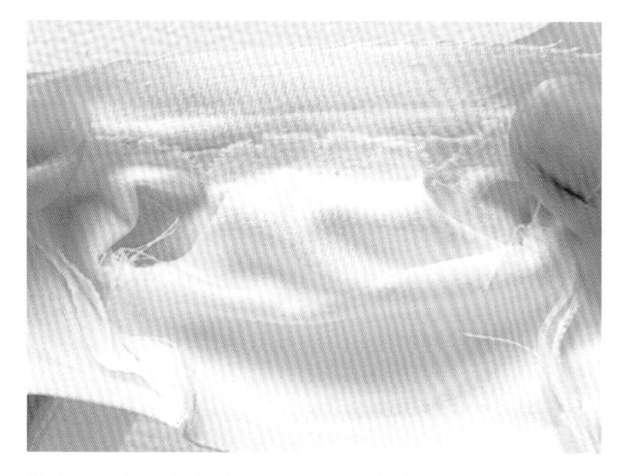

⑨粘贴到颈后的时候只要保证能遮住小缺口就行，粘贴得太深会使领子皱起来。

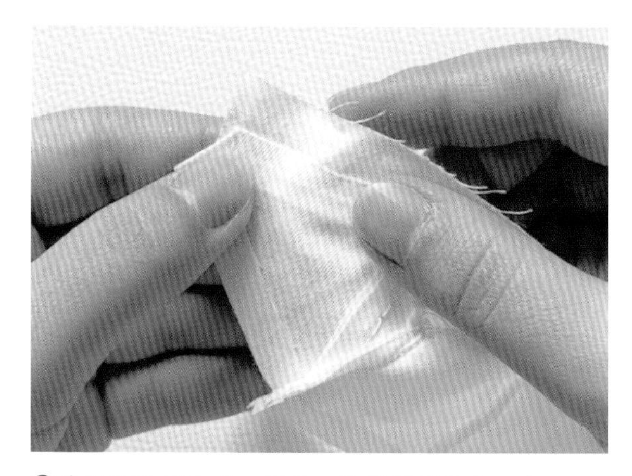

⑩外面粘贴好之后，将另一边折到里面去。

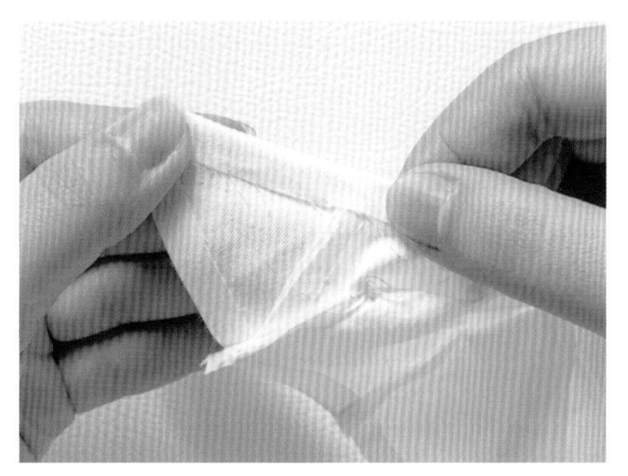

⑪同样地用白乳胶粘贴。

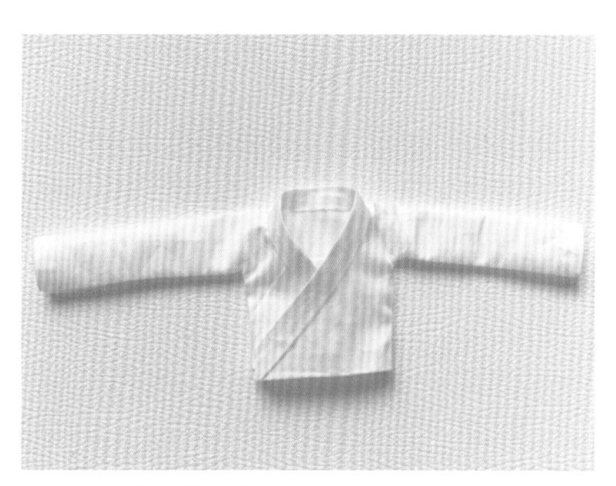

⑫领子制作完成效果。

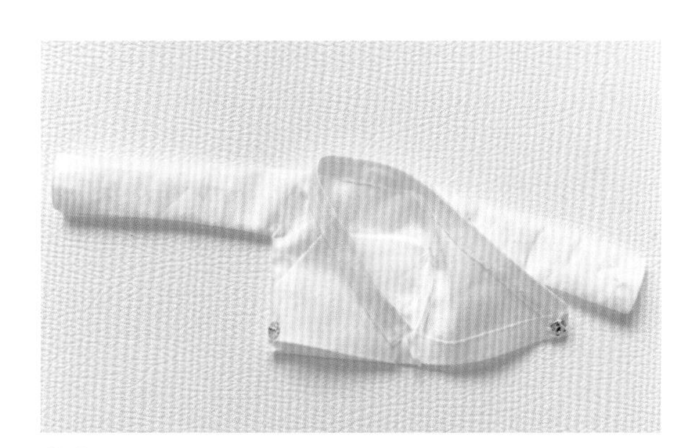

⑬在衣角缝上暗扣。

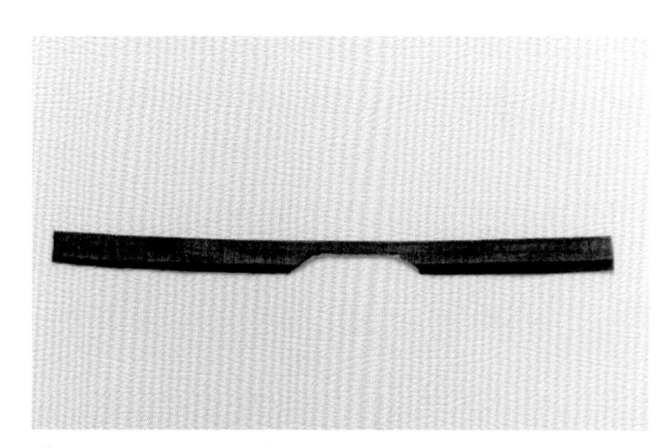

⑭准备一条黑色棉布领条，制作假领，宽度是 4 cm，将中间剪出一个梯形的缺口。

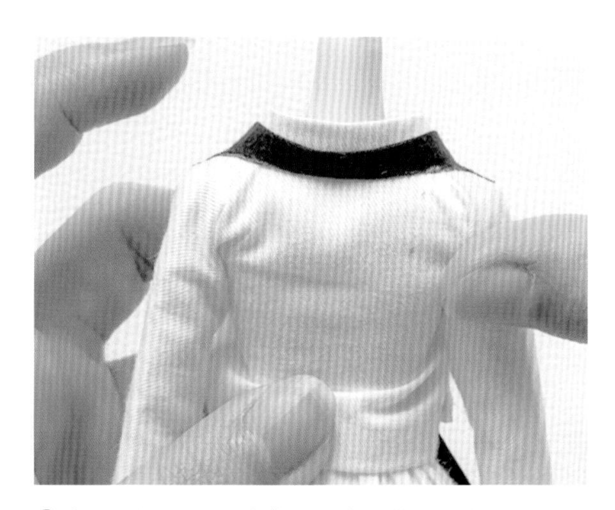

⑮将假领粘贴好。制作假领是因为娃娃太小，如果想要做出有层次感的衣服，新手朋友难以把握多层次的服装制作，而且往往会使娃娃看起来很臃肿，故而制作假领，这样既方便也美观。

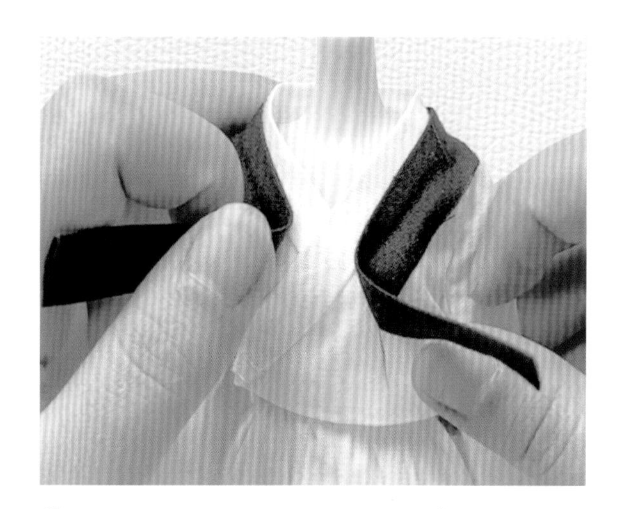

⑯粘贴假领时记得留口，以方便娃娃穿脱。

⑰内衬衣服制作完成效果。

⑱按照图纸裁剪出衣服布片。

⑲在袖子部分缝上白色边条。

⑳在白色和红色之间粘贴一条黑色细条。

㉑按照纸样裁剪出衣服前襟的布片。

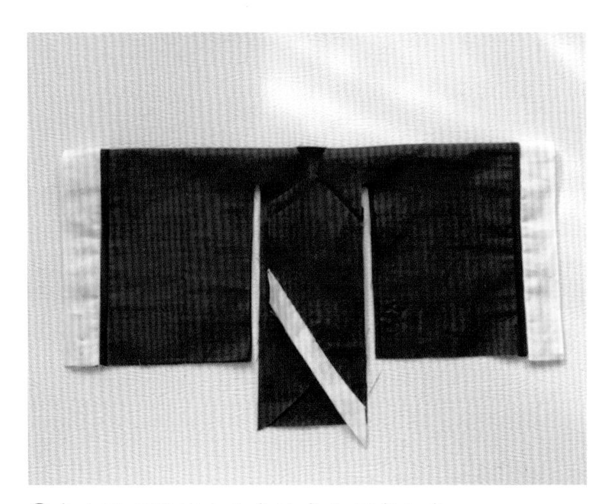

㉒在衣服下端缝上白色边条和黑色细条。

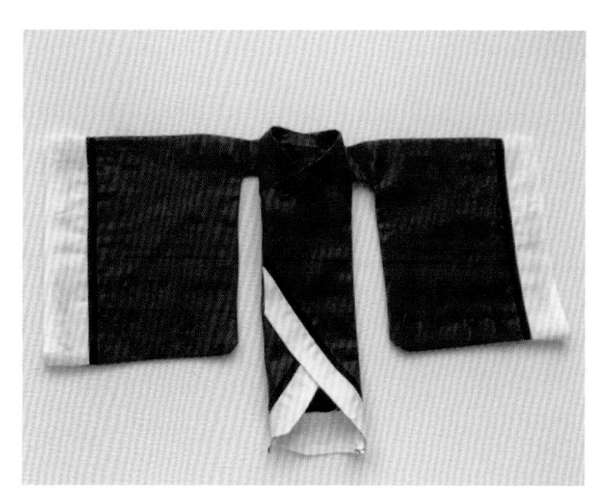

㉓用同样的方法粘贴衣领。

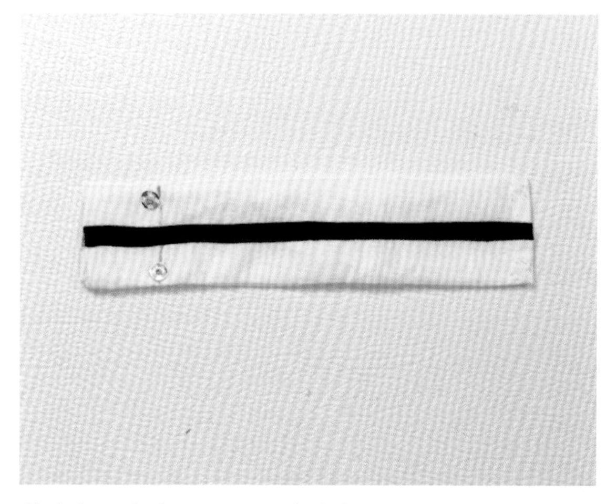

㉔准备一条宽 8 cm 的白色布条，对折之后作为腰带，中间粘贴黑色细条，缝上暗扣备用。

㉕准备一条长 20 cm 的红色棉布条，一条边折边备用。

㉖准备一块酒红色锦丝绉，锁好边之后和布条缝合。

㉗在两边缝上暗扣。

欧洲宫廷风

层叠的刺绣花边、长长的撒金头纱、全身统一的纯白配色展现了新娘独有的服饰特点。为了不让服饰太单一，可以在胸前加上三朵粉色系绸带玫瑰作为点缀。

7.1 妆面绘制

①用化妆海绵打上底。

②待打底材料干燥之后刷白色色粉。

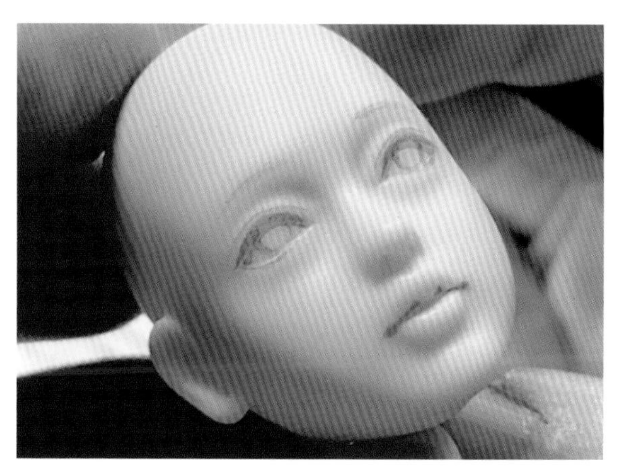

③用浅咖色彩铅画出妆容草稿，确定眼型和眉型。

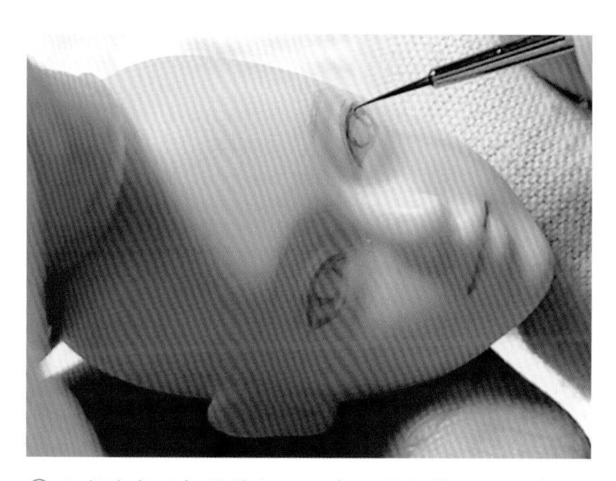

④用谢德堂面相笔蘸取深咖色丙烯颜料描绘眼线。

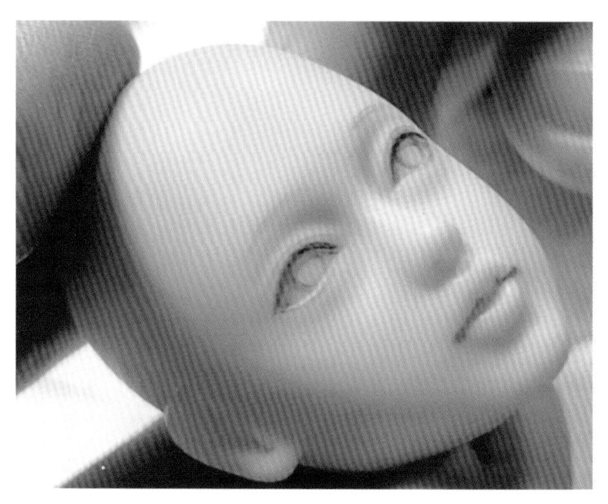

⑤眼线基础色描绘完成效果。

⑥将绿色和蓝色丙烯颜料调和，薄涂眼珠。

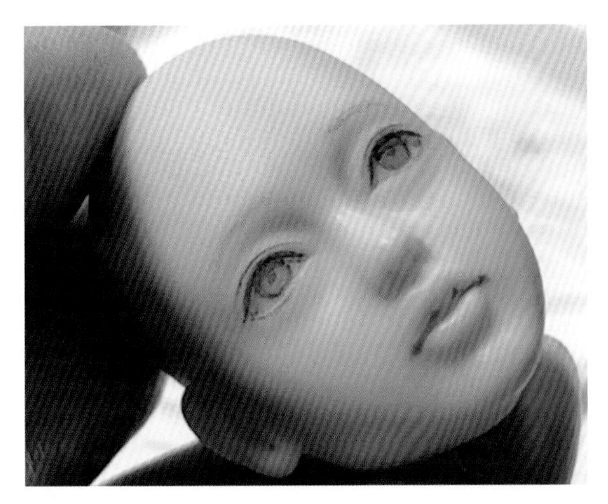

⑦在眼珠中间蘸取黑色丙烯颜料确定瞳孔位置。

⑧用薄涂的方式加深眼珠上半部分的颜色，同时扩大瞳孔范围。

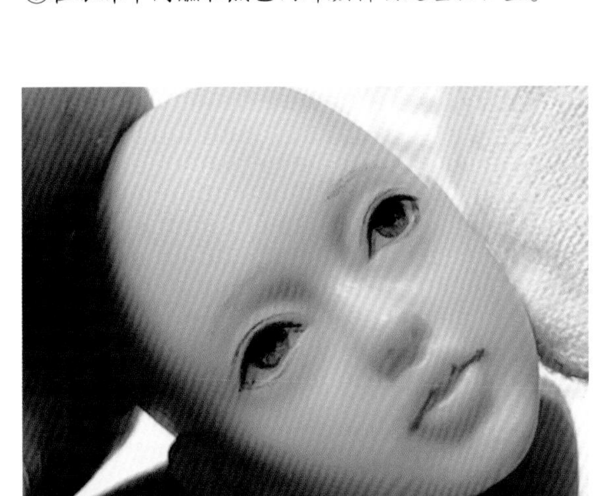

⑨将眼珠上半部分逐层加深，用浅咖色和红色调和画下眼睑。

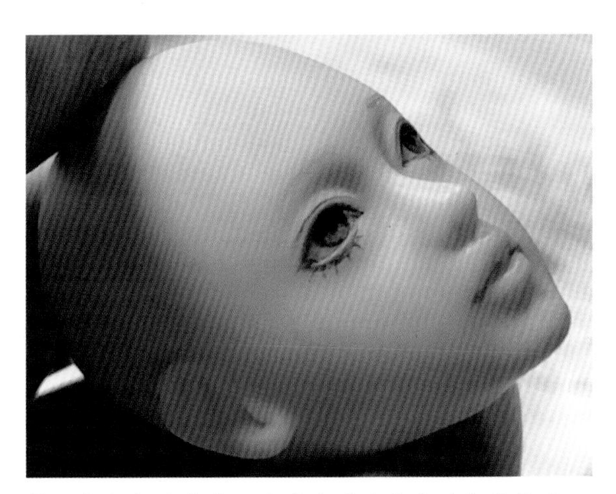

⑩用浅咖色画睫毛，画睫毛时注意末端颜色较浅，后面只需加深睫毛根部即可。

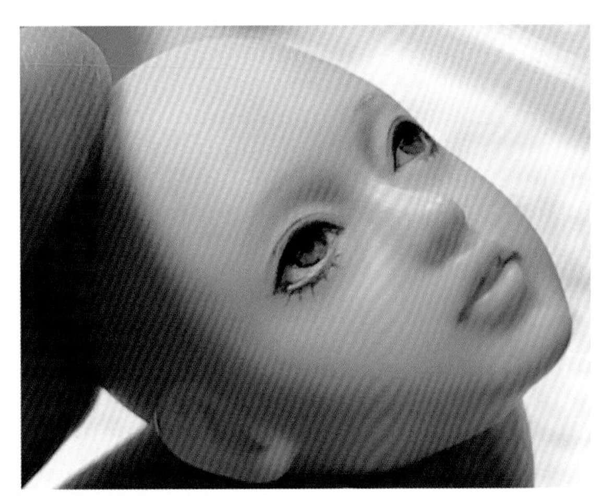

⑪用白色丙烯颜料填充眼白部分。

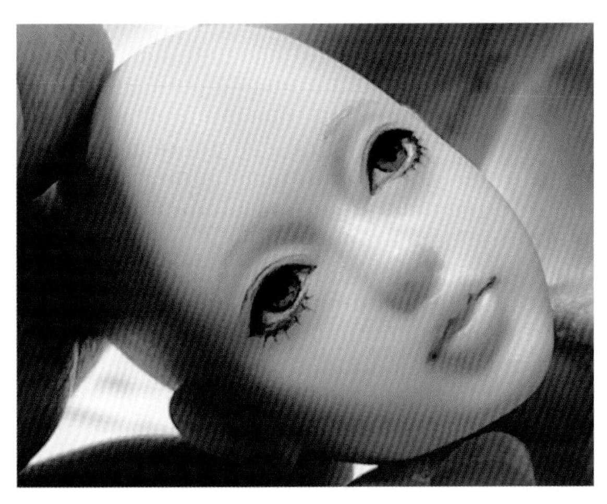

⑫用黑色加深眼线，用浅咖色加深双眼皮褶皱线。

⑬用浅咖色和红色丙烯颜料调和，由外向内画下眼影，白色丙烯颜料不加水稀释，直接蘸取点高光。

⑭用浅咖色丙烯颜料，多加一点水进行稀释，然后开始画眉毛。

⑮眉毛款式是欧式，因此整体偏细。

⑯用深咖色再次加深眉毛的颜色。

⑰画好的眉毛效果。

⑱另一边用同样的画法。

⑲用深咖色丙烯颜料先加深双唇中间线，再用红色丙烯薄涂嘴唇，确定唇型，稀释时可多加一点水。

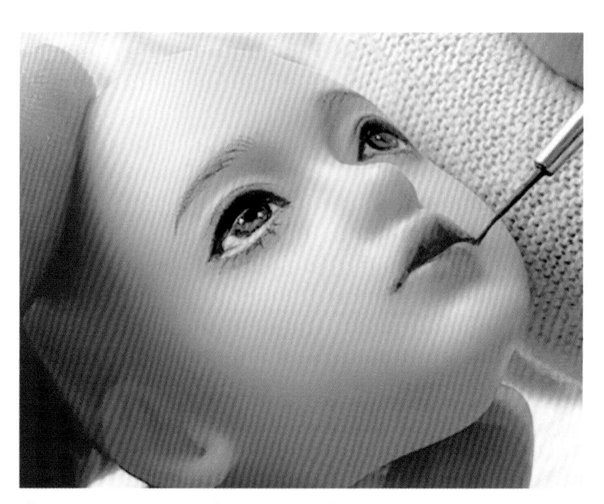

⑳用浓一点的红色丙烯颜料由外向内一点一点地加深嘴唇。

㉑这样画出来的会有一点渐变效果。

㉒逐层加深嘴唇的颜色。

㉓用中号色粉刷蘸红色色粉涂抹腮红。

㉔腮红涂抹完成效果。

㉕用小号色粉刷蘸浅咖色涂抹鼻影，从眉头至鼻根。

㉖用浅咖色彩铅稍稍描画一下鼻孔，增加五官立体感。

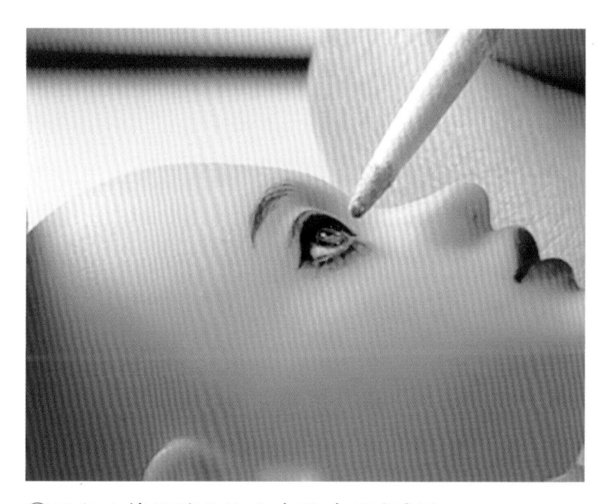

㉗用尖头棉签蘸闪粉点在眼珠下半部分。

㉘给眼睛上光油。

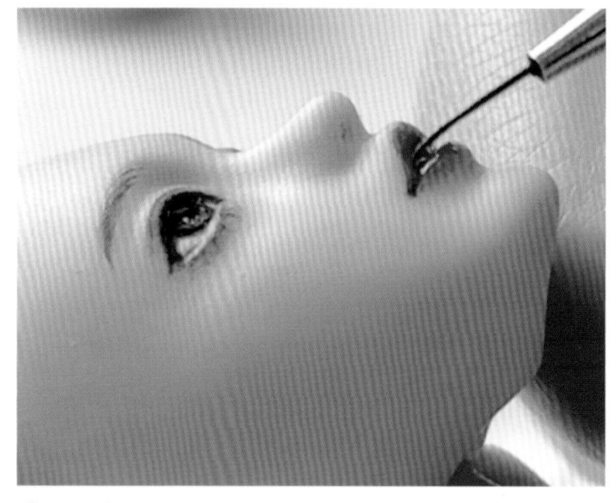

㉙给唇部上光油。

㉚妆面完成效果。

7.2 发型的制作

①将发套分好区域。

②开始粘贴发排，最底层从耳朵附近开始。

③粘贴第二层发排。

④粘贴第三层发排。

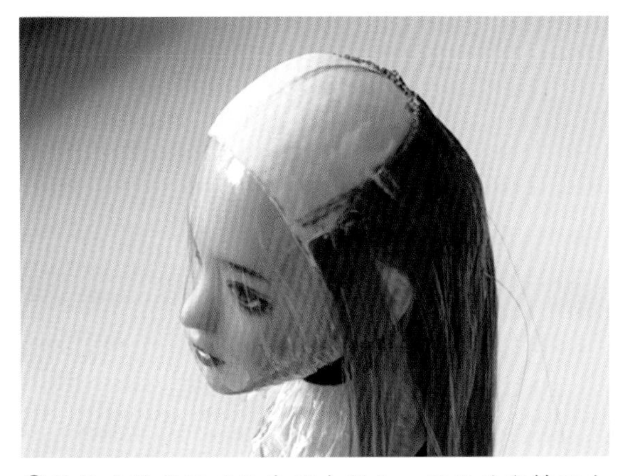

⑤前排发排粘贴时注意露出耳朵，耳后的发排可向后斜着粘贴。

⑥粘贴第四层发排，靠近头顶的发排一边粘贴，一边用卷发棒熨烫平整。

⑦粘贴第五层发排。

⑧底发粘贴完成效果。

⑨将做好的顶部发片粘贴上，按压使其牢固。

⑩两边粘好以后用卷发棒熨烫头顶，使其平整。

⑪将前排发片从耳朵位置分出一部分，用迷你梳子蘸水梳理整齐。

⑫将头发分为三股，开始编发辫。

⑬一边编一边整理，保证发辫的整齐。

⑭用镊子轻轻抽松顶部的头发，这样可以让整个发型更美观。

⑮编到耳朵下面时用鸭嘴夹固定发辫，涂抹霹雳造型胶，等待晾干。

⑯另一边也使用同样的操作方法。

⑰等造型胶晾干以后，继续编完发辫，末端用金铜丝扎好。

⑱两边都编好发辫。

⑲把整个头顶涂抹上造型胶，以防后面做造型时有散乱的发丝，增加难度。

⑳等待晾干。

㉑将剩下的散发分为三股，开始编发。把前面编好的发辫也一起加进来。

㉒先编右边，再编左边。

㉓继续编完整个发辫。

㉔末端用铜丝扎好，发型编织完成。

7.3 服装制作

①将纯棉布料按照纸样裁剪好布片。

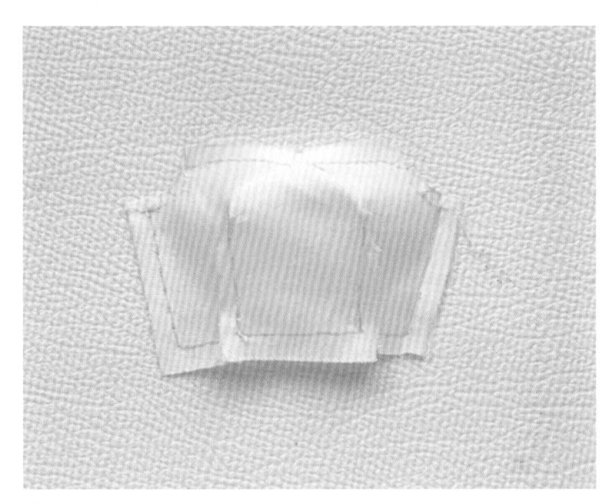

②将前片缝份缝合，熨烫平整。

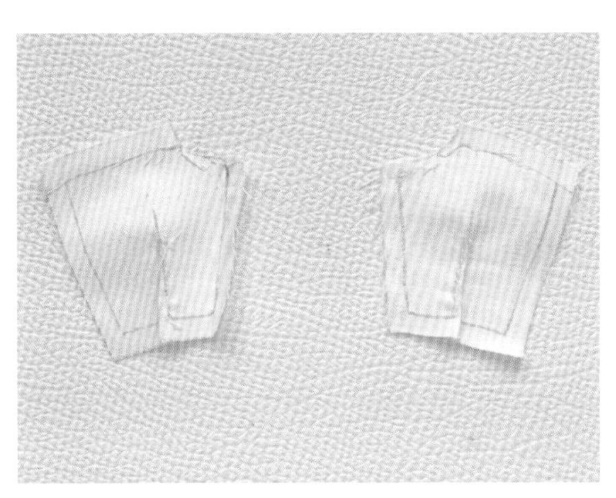

③将两片后片也缝合好，熨烫平整。

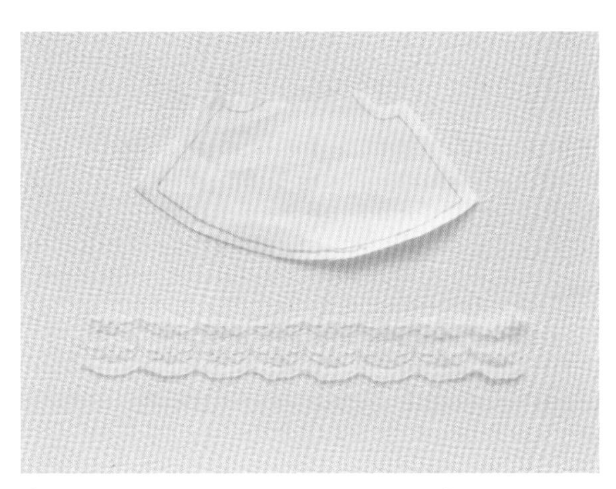

④按照纸样裁剪好袖子布片，准备好蕾丝花边。

⑤将花边和袖子正面对正面缝合。

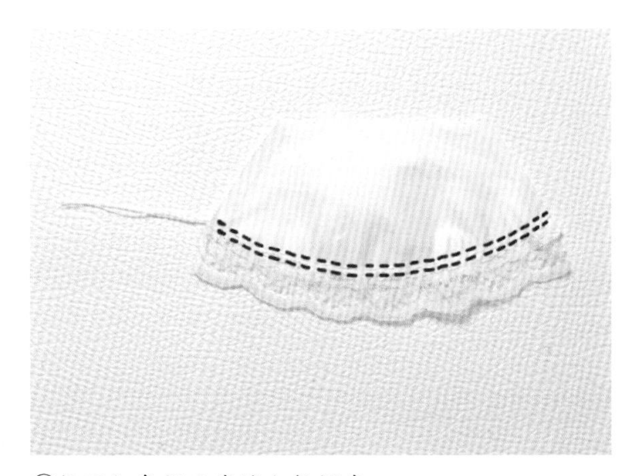

⑥按照红色指示线缝上抽褶线。

⑦把抽褶好的袖子和娃娃的手臂作对比，预留合适的长度。

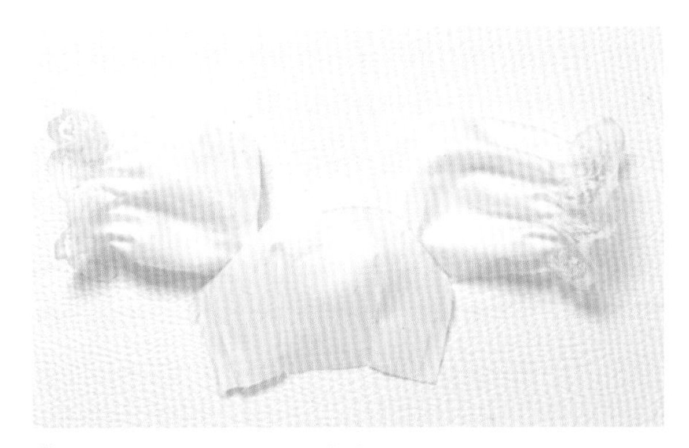

⑧将做好的袖子和上衣前片缝合。

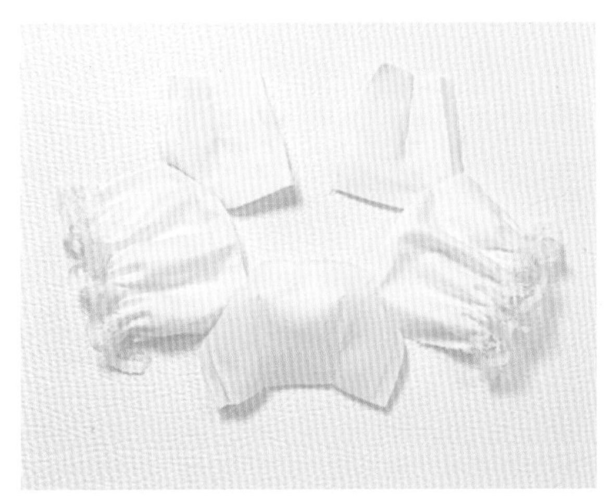

⑨把后片和袖子缝合之后，将整件衣服对折缝合。

⑩用白乳胶给衣服后背开口折边，缝上暗扣。

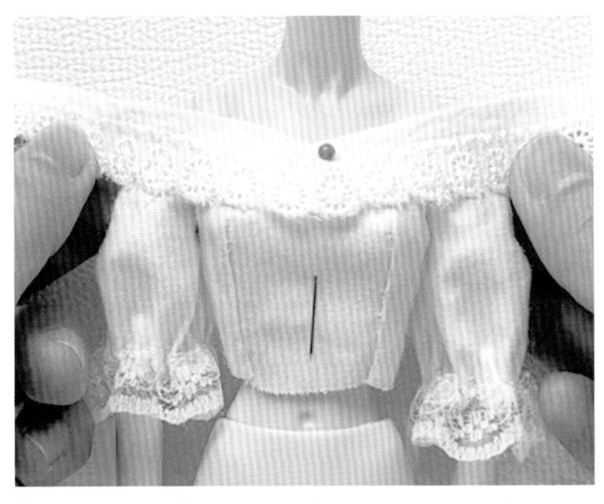

⑪用珠针将纯棉花边固定在上衣领子上，然后开始缝合。

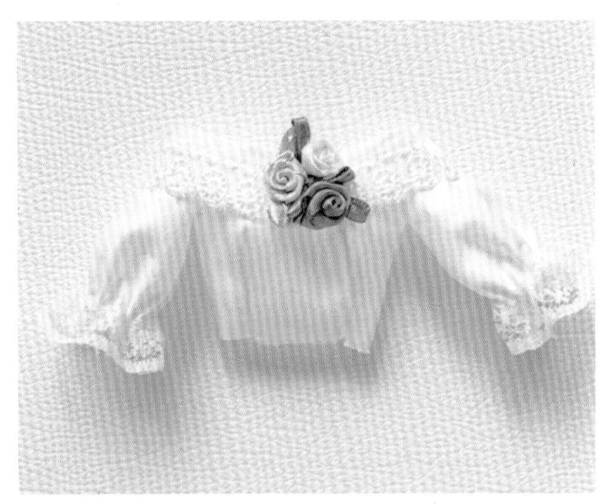

⑫给衣领中间加上绸缎玫瑰花。玫瑰花是现成的材料，即买即用，可以做装饰，还可以遮住缝合线。

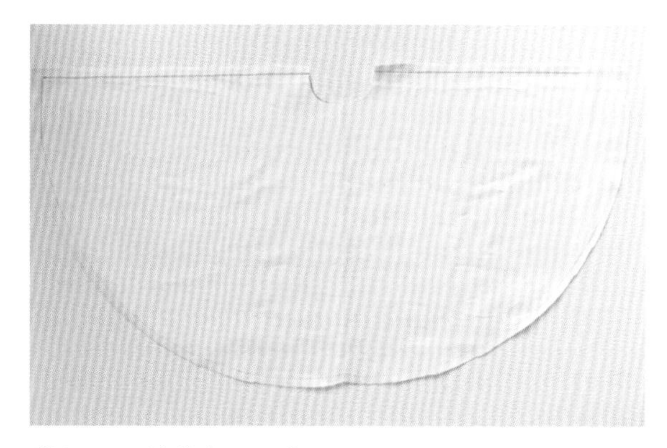

⑬按照纸样剪出裙子底衬。

⑭将纯棉刺绣上花边，花边可以自己进行抽褶，也可以购买抽褶完成的成品，建议新手朋友购买成品，这样可以降低难度。

⑮缝合第二道花边。

⑯缝合第三道花边。因为底裙的腰围和娃娃的腰围相等，故而可以直接和上衣缝合。

⑰第三道花边缝纫完成后，将上衣正面和裙子正面对贴缝合。

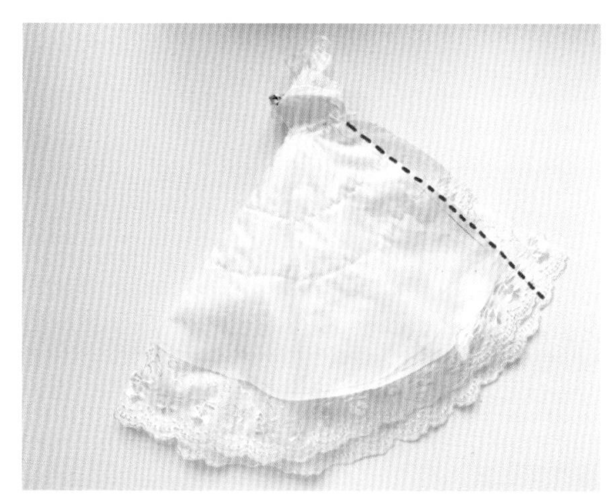

⑱将裙子侧线缝合，接近上衣附近时预留开口，这样方便娃娃穿脱。

作品展示

8.1 《红酒宴会》

8.2 《维也纳的春天》

8.3 《烽火佳人》

8.4 《玫瑰盛开的季节》

8.5 《芍药姑娘》

8.6 《清晨的婚礼》

8.7 《姑获鸟金銮鹤羽》